宠物护理与美容

主　编　孙亚东（辽宁生态工程职业学院）

　　　　刘　欣（辽宁生态工程职业学院）

副主编　王　巍（辽宁生态工程职业学院）

　　　　加春生（黑龙江农业工程职业学院）

　　　　何丽华（辽宁生态工程职业学院）

　　　　刘佰慧（黑龙江农业工程职业学院）

　　　　薄　涛（辽宁职业学院）

　　　　王镜淳［名将宠美教育科技（北京）有限公司］

　　　　姚继如（沈阳晶点宠物美容培训学校）

北京理工大学出版社

BEIJING INSTITUTE OF TECHNOLOGY PRESS

内容提要

本书以行业岗位任务要求为载体，紧密结合真实的工作环境，结合实际工作任务的职业能力需求来构建教材内容。本书内容涵盖了宠物与宠物美容概述，犬、猫的皮肤结构，宠物行为心理，犬、猫的美容保定，美容工具的识别、使用与保养，宠物的基础护理，宠物犬的美容造型修剪，宠物犬的特殊美容，从业人员教程等全方位的知识与技术。

本书适合高等院校动物医学、畜牧兽医、宠物医疗技术、宠物养护与训导类相关专业的学生使用，也可作为从事相关行业技术人员的参考用书。

图书在版编目（CIP）数据

宠物护理与美容 / 孙亚东，刘欣主编.--北京：北京理工大学出版社，2023.12

ISBN 978-7-5763-3053-3

Ⅰ.①宠…　Ⅱ.①孙… ②刘…　Ⅲ.①宠物－饲养管理－高等学校－教材 ②宠物－美容－高等学校－教材　Ⅳ.①S865.3

中国国家版本馆CIP数据核字（2023）第207431号

责任编辑：时京京　　**文案编辑**：时京京
责任校对：周瑞红　　**责任印制**：王美丽

出版发行 / 北京理工大学出版社有限责任公司
社　　址 / 北京市丰台区四合庄路6号
邮　　编 / 100070
电　　话 / （010）68914026（教材售后服务热线）
（010）68944437（课件资源服务热线）
网　　址 / http：//www.bitpress.com.cn

版 印 次 / 2023年12月第1版第1次印刷
印　　刷 / 河北鑫彩博图印刷有限公司
开　　本 / 787 mm × 1092 mm　1/16
印　　张 / 8
字　　数 / 176千字
定　　价 / 65.00元

前言

近年来，随着宠物产业在国内的迅速兴起和快速发展，行业发展与人才供给之间的不平衡逐渐明显。宠物护理与美容人才的短缺已成为制约宠物产业高速发展的瓶颈。本书正是在这样的行业需求下应运而生的。

本书以党的二十大精神为指引，结合宠物护理与美容工作岗位的工作要求、安全文明规范、团队合作等职业精神和职业素养，通过强化工作过程中的操作规范性、造型设计思维等事项，将职业素养及道德修养等思政元素有机融入教材内容，体现教材的课程思政。

本书聚焦《国家职业教育改革实施方案》提出的新要求，探索岗课赛证相互融合，严把“1+X”证书制度质量关，遵循宠物健康护理员国家职业技能标准和宠物美容师行业标准，旨在提升学生的综合职业能力。

本书编写的具体分工是（按章节顺序排列）：薄涛（辽宁职业学院）、姚继如（沈阳晶点宠物美容培训学校）、刘佰慧（黑龙江农业工程职业学院）、王镜淳［名将宠美教育科技（北京）有限公司］编写第一章、第二章；王巍（辽宁生态工程职业学院）、何丽华（辽宁生态工程职业学院）、加春生（黑龙江农业工程职业学院）编写第三章至第五章；孙亚东（辽宁生态工程职业学院）、刘欣（辽宁生态工程职业学院）编写第六章至第九章。全书由孙亚东进行统稿。

通过学习本书，学生能更好地掌握宠物护理与美容操作流程，提升实践动手能力。对参加全国职业院校技能大赛等赛项的参赛选手，锻炼创新实践能力的同时，也锻炼创新性思维。

本书是辽宁生态工程职业学院“兴辽卓越”院校建设项目中打造“辽宁工匠”品牌战略，加强校际合作，校地合作子项目的成果。

本书在编写过程中，得到了黑龙江农业工程职业学院、辽宁职业学院、名将宠美教育科技（北京）有限公司、沈阳晶点宠物美容培训学校的大力支持，在此一并表示感谢！

由于编者水平有限，书中难免存在不足之处，敬请广大读者批评指正。

编　者

目 录

第一章 宠物与宠物美容概述

知识目标

1. 了解宠物护理与美容的发展历史。
2. 了解宠物行业的展览与赛事。

能力目标

能够讲述宠物护理与美容的历史梗概。

素质目标

1. 热爱动物，热爱宠物护理与美容。
2. 树立良好的动物福利观念。

宠物是指人们为了消除孤寂或出于娱乐目的而豢养的陪伴自己的动物，传统多以哺乳纲和鸟纲动物为主，如犬、猫、鸟类等。随着时代的发展，人们对于宠物的定义更加宽泛。宠物护理与美容的主要目的是保持宠物身体的清洁，使其形体更加优美，并起到对宠物的保健作用。

一、宠物护理与美容的起源

关于宠物护理与美容的起源目前没有统一的结论。犬的护理与美容最早起源于古罗马时期。在奥古斯塔斯国王统治期间，出现贵宾犬在头部和前胸留下厚厚的毛发，四肢和尾巴的毛发剪得极短的狮子装。到了 15 世纪至 17 世纪，出现具有欧洲贵族特色的犬造型图案。

18 世纪，巴黎开始出现贵族美容店。19 世纪初，巴黎塞纳河畔，宠物美容师职业已初具规模。19 世纪 90 年代，拿破仑三世的妻子尤金王后甚至设计出一个将长发搓成绳状自然下垂的独特的贵宾造型。在 19 世纪 90 年代的伦敦，犬美容师们成立了美容俱乐部，专门给有钱人提供（如犬香波洗浴、染色和按摩服务等）奢侈消费和定制服务；19 世纪中后期，犬的美容修剪开始在英、法等国流行，并出现了专职的宠物美容师。

进入 20 世纪以后，宠物美容才逐渐进入大众家庭，服务范围包括洗澡、创意造型修剪及 SPA 美容保健。

二、宠物行业组织

（一）国际宠物行业组织

1. 美国养犬俱乐部（American Kennel Club，AKC）

AKC 成立于 1884 年，由美国各地 30 多个独立的养犬俱乐部组成，是致力于纯种犬事业的非营利组织。约有 3 800 个附属俱乐部参与 AKC 的活动，使用 AKC 的章程来开展犬展览，执行有关事项和教育计划，并开办健康诊所。每年经 AKC 批准举行的活动有上万项，其中包括 3 000 多场犬展、2 000 多场服从赛及追踪训练和 3 000 多场表演活动。AKC 认证的纯种犬有 170 多种，分为 7 个组别。

2. 英国养犬俱乐部（The Kennel Club，KC）

KC 成立于 1873 年，是世界上最早的犬协组织。其制定的以优胜证明书作为冠军资格犬只获奖的授奖办法，被后来者广为效仿并沿用。KC 是世界上公认的 3 个对犬种分类最有影响力的组织之一，至今认定的纯种犬达 190 多种。

3. 世界犬业联盟（Fédération Cynologique International，FCI）

FCI 成立于 1911 年，有近百年的历史，是目前世界上最大的犬业组织。FCI 最初由比利时、法国、德国、奥地利、荷兰 5 国联合创立，现已具有 84 个成员机构。目前 FCI 承认世界上 340 个犬种并将其所有认可的纯种犬分为 10 个组别，其中每个组别又按产地和用途划分为不同的类别。

4. Barkleigh

Barkleigh 是全球知名的宠物美容组织。该组织在比利时、英国、荷兰、意大利、西班牙、法国、德国、美国、加拿大、阿根廷、波多黎各、智利、巴西及澳大利亚均有合作的协会。Barkleigh 的亚洲事务由名将犬业俱乐部（NGKC）全权负责开展。

（二）国内主要宠物行业组织

1. 中国畜牧业协会犬业分会（China National Kennel Club，CNKC）

中国畜牧业协会犬业分会是中国畜牧业协会的分支机构，是在原中国犬业协会的基础上，经农业农村部和民政部批准，由从事犬业及相关产业的单位和繁育、饲养、爱犬人士组成的全国性唯一全犬种行业内联合组织。

2. 名将犬业俱乐部（National General Kennel Club，NGKC）

NGKC 是集行业组织、教育机构、认证机构、评价机构等属性为一体的多功能培训评价组织，是国内首个以纯种犬系统繁育管理为基础的组织。

2008 年 2 月，NGKC 成为美国“AKC 全球服务”项目的首位合作组织。2012 年 9 月，NGKC 正式获得 AKC 认可，在中国以 AKC 赛制标准举办犬赛及纯种犬登记注册工作。2013 年，NGKC 加入中国畜牧业协会。

3. 中国工作犬管理协会专业技术分会（China Kennel Union，CKU）

2006 年 4 月，CKU 加入 FCI，后加入中国工作犬管理协会，是世界犬业联盟（FCI）在中国的唯一合作伙伴。在 FCI 的授权下执行对 FCI 认定的纯种犬种进行繁殖登记注册管理，并按 FCI 赛制举办犬赛。

三、宠物行业赛事与展会

（一）国际宠物赛事与展会——美国西敏寺犬展

有 130 年历史的美国西敏寺犬展（Westminster Kennel Club Dog Show）是美国历史上最古老的运动竞赛之一。1876 年，西敏寺饲养协会将其组织更名为 Westminster Kennel Club。1884 年，西敏寺俱乐部通过选举成为第一个 AKC 的会员俱乐部。

美国西敏寺犬展每年举行一次，由西敏寺俱乐部负责筹办、宣传、运行和执行。从 1992 年开始，俱乐部规定只有取得冠军登记的犬才有资格参加西敏寺的比赛，这也是众多国外顶尖犬只的终极目标。西敏寺犬赛被称为犬类奥林匹克运动会。

（二）国内宠物赛事与展会

1. NGKC 赛事

2014 年 1 月，NGKC 正式加入中国畜牧业协会，与中国畜牧业协会合作，每年按照 AKC 赛制进行上百场全犬种比赛，同时开展美容师的鉴定赛。到目前为止，NGKC 在全国举办的犬类赛事累计超过 1 000 场，累计为超过 7 万人提供了培训、考核等各种服务。

2. CKU 赛事

CKU 作为 FCI 在中国的合作伙伴，经过 16 年的发展，每年举办多项犬赛和犬展，及美容师鉴定赛并开展裁判培训。

3. 亚洲宠物展览会（亚宠展）（Pet Fair Asia，PFA）

亚洲宠物展览会成立于 1997 年，经过 20 多年的历练，亚宠展已成为业内公认的亚洲宠物旗舰展。

4. 中国国际宠物水族用品展（China International Pet Show，CIPS）

中国国际宠物水族用品展于 1997 年在北京创办。经过几年的发展 CIPS 展出面积、参展厂商均大幅提升。CIPS 不仅是国际企业拓展中国宠物市场的平台，还成为中国企业走向国际宠物市场的桥梁。

学习小结

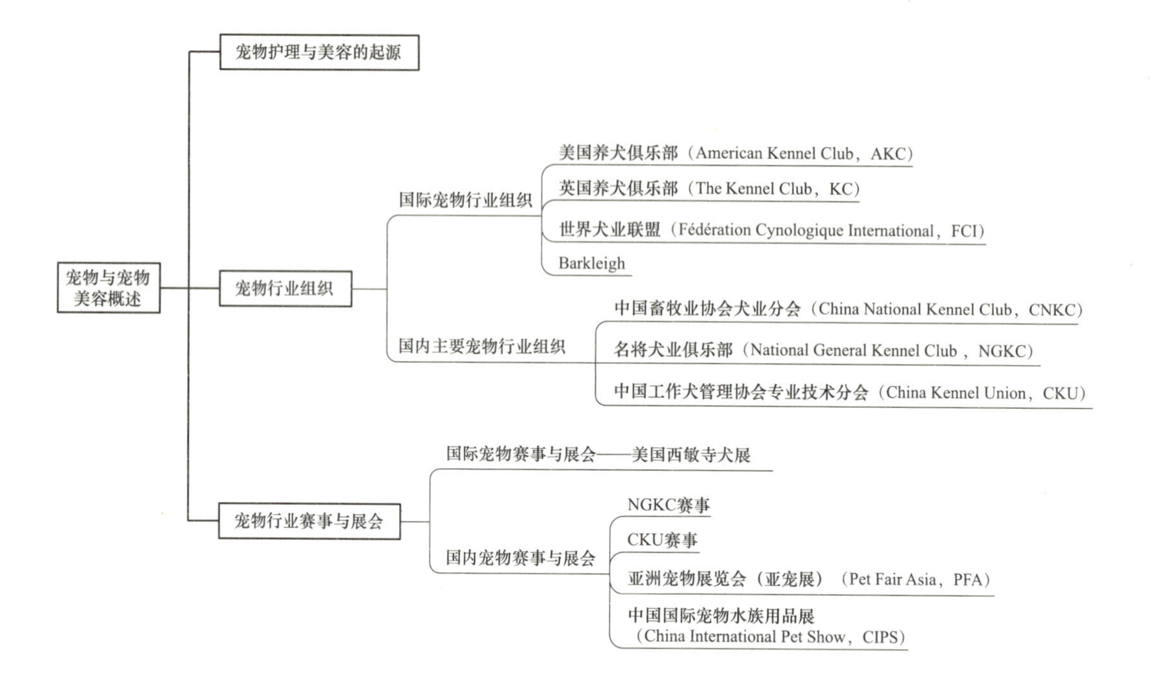

思考题

1. 宠物行业的主要组织与赛事都有哪些？
2. 请为宠物美容师、训导师职业背景及职业发展进行规划。

第二章 犬、猫的皮肤结构

知识目标

1. 掌握犬、猫的皮肤结构与功能。
2. 了解犬、猫的皮肤衍生物。
3. 了解犬、猫皮肤的保护方法。

能力目标

1. 能够准确说出犬、猫的皮肤结构与功能。
2. 能够准确说出犬、猫的皮肤衍生物种类。
3. 能够准确说出犬、猫皮肤的保护方法。

素质目标

1. 热爱宠物，正确护理宠物。
2. 树立正确的宠物美容观念。
3. 树立正确的保护宠物皮肤观念。

皮肤位于犬、猫的身体表面，既能防护、限制各种有害因素的穿透，又能有效地防止水分过度蒸发。皮肤的薄厚会随着品种、年龄、性别及身体的不同部位而异。被毛对各种物理和化学的刺激具有很强的防护力，但有时会因外界的强烈刺激而损伤，因此，日常的皮毛护理与保健美容工作至关重要。

一、犬、猫的皮肤结构与功能

被皮系统由皮肤和皮肤的衍生物构成。皮肤衍生物主要包括毛、皮肤腺、爪等。皮肤被覆于体表，由复层扁平上皮和结缔组织构成，皮下有大量的血管、淋巴管、皮肤腺及丰富的感受器。皮肤直接与外界接触，是一道天然屏障。

（一）皮肤的结构

皮肤由表皮、真皮和皮下组织构成。皮肤结构图如图 2-1 所示。

1. 表皮

表皮为皮肤的最表层，由复层扁平上皮构成。表皮的厚薄因部位不同而异，如长期受磨压的部位较厚。表皮结构由内向外依次为生发层、颗粒层、透明层和角质层。

2. 真皮

真皮位于表皮层下面，是皮肤中最主要、最厚的一层，由致密的结缔组织构成，坚韧而有弹性。真皮内分布有毛、汗腺、皮脂腺、立毛肌及丰富的血管、神经和淋巴管。真皮又分为乳头层和网状层，两层相互移行，无明显界限。

3. 皮下组织

皮下组织又称浅筋膜，位于真皮之下，主要由疏松的结缔组织构成。皮肤借皮下组织与深部的肌肉或骨相连，并使皮肤有一定的活动性。有的部位的脂肪变成富有弹力的纤维，形成指（趾）的枕。

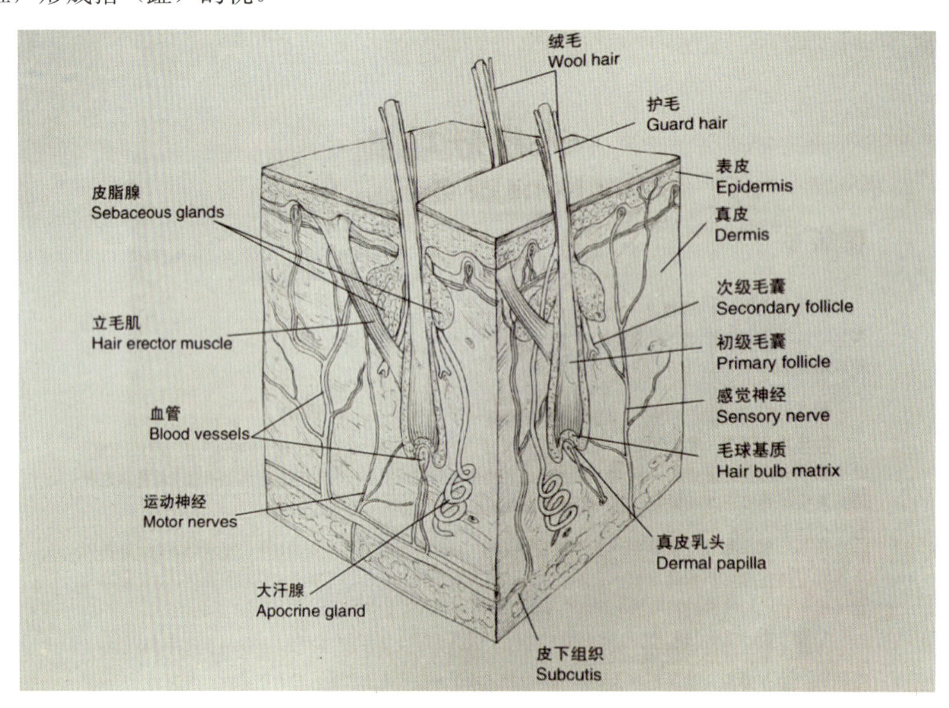

图 2-1　皮肤结构图（摘自犬解剖填字图谱）

（二）皮肤的功能

皮肤是重要的感觉器官，能感受不同的刺激。通过汗腺和皮脂腺的分泌，排泄体内的代谢废物，参与体温调节。皮肤内血管系统是机体的重要储血库之一，最多可容纳循环总血量的 10% ~ 30%。

二、犬、猫的皮肤衍生物

（一）毛

毛由表皮衍化而来，坚韧而有弹性，是温度的不良导体，具有保温作用。不同犬、猫品种被毛类型不同，对护理手法、护理工具的要求也不尽相同。

1. 毛的形态和分布

犬的被毛可分为粗毛、细毛和绒毛三种。粗毛是被毛中较粗而直的毛，弹性好，在犬体上起着传导感觉和定向的作用。细毛的直径小，长度介于粗毛和绒毛之间，弹性好，色泽明显。细毛起着防湿和保护绒毛及使绒毛不易黏结的作用，关系到被毛的美观及耐磨性。绒毛是被毛中最短最柔软、数量最多的毛，占被毛总量的 95% ～ 98%，分为直形、弯曲形、卷曲形、螺旋形等形态。在被毛中形成一个空气不易流通的保温层，以减少机体的热量散失。但对犬来说，绒毛和细毛在夏天散热困难。

毛在犬体上按一定方向排列为毛流。毛的尖端向一点集合的为点状集合性毛流；毛的尖端从一点向周围分散为点状分散性毛流；毛的尖端从两侧集中为一条线的为线状集合性毛流；毛的尖端如线状向两侧分散的为线状分散性毛流；毛干围绕一个中心点呈旋转方式向四周放射状排列的为旋毛。毛流排列形式因犬体部位不同而异，一般来说，它与外界气流和雨水在体表流动的方向相适应。

猫的被毛大致可分为针毛和绒毛两种，针毛粗硬且长，绒毛细短而密。被毛的颜色有黑色、白色、红色、青灰色、褐色以及组合色（如银灰色、巧克力褐色、丁香色、奶油色等）。猫的被毛能防止体内水分的过分丢失，缓冲一些机械性损伤；稠密的被毛在寒冷的冬天具有良好的保暖性能；在炎热的夏天，被毛可以散热，起到降温的作用（图 2-2 ～图 2-5）。

图 2-2　英国短毛猫

图 2-3　布偶猫

图 2-4　缅因猫

图 2-5　德文猫

2. 毛的构造

毛是由角化的上皮细胞构成，分为毛干和毛根两部分。毛干露于皮肤外，毛根则埋于真皮或皮下组织内。毛根的基部膨大，称为毛球，其细胞分裂能力很强，是毛的生长点。毛球的底缘凹陷，内有真皮伸入，称为毛乳头，富含血管和神经，供应毛球的营养。毛根周围有由表皮组织和结缔组织构成的毛囊，在毛囊的一侧有一条平滑肌束，称为立毛肌，受交感神经支配，收缩时使毛竖立。

3. 换毛

当毛长到一定时期，毛乳头的血管衰退，血流停止，毛球的细胞也停止生长，逐渐角化，而失去活力，毛根即脱离毛囊。当毛囊长出新毛时，又将旧毛推出而脱落，这个过程称为换毛。户外犬、猫一般每年春秋换毛两次；户内犬、猫因长时间不暴露于日光，整年都会脱毛，但以春秋两季脱毛较多。

毛发脱落是犬、猫的毛发生长循环中的自然部分，并不是每一处的毛发都是同时或同速生长，因此，犬、猫身体的某一部位可能在脱毛，而另一部位的毛发却在生长。毛发的生长与脱落受到很多因素的影响，包括季节变换、激素水平或饮食情况等。

（二）皮肤腺

皮肤腺包括汗腺、皮脂腺和特殊的皮肤腺等。其位于真皮或皮下组织内。

1. 汗腺

犬的汗腺不发达，只在鼻和指（趾）的掌侧有较大的汗腺，散热量很少，调节体温的作用差。

猫的汗腺也不发达，仅在趾垫之间有汗腺。猫的散热是通过用舌头舔被毛将唾液涂抹在被毛上辐射散热，或像犬那样通过呼吸来散热，猫喜暖也怕热。

2. 皮脂腺

犬的皮脂腺发达，其中唇部、肛门部的最发达。猫的皮脂腺的分泌物呈油状，在猫梳理被毛时被涂到毛上，从而使被毛光亮、顺滑。猫的皮脂腺的分泌物中富含维生素D，当猫舔被毛时可摄入和补充体内缺乏的维生素D。

3. 特殊的皮肤腺

特殊的皮肤腺一般是汗腺和皮脂腺变型的腺体。由汗腺衍生的，如鼻镜腺；由皮脂腺衍生的有肛门腺（犬的肛门腺发达，位于肛门两侧）、包皮腺、阴唇腺、睑板腺等。

（三）枕和爪

犬、猫的枕很发达，可分为腕（跗）枕、掌（跖）枕和指（趾）枕，分别位于腕（跗）、掌（跖）和指（趾）部的掌（跖）侧面。枕主要起缓冲作用。

犬、猫的远指（趾）骨末端附有爪，相当坚硬，具有防御、捕食、挖掘等功能。爪可分为爪轴、爪冠、爪壁和爪底，均由表皮、真皮和皮下组织构成。

三、皮毛保护方法

（一）防止外伤

通常是刷理时太过用力或是电剪温度过高或是剪毛时运剪姿势不对，都可能使皮肤受损。因此，刷理动作要温柔，切忌使力牵拉；刷理动作要标准，切忌针面竖起。电剪使用后要随时关掉，以便降温，也可使用冷却剂降温；使用过程中美容师要不时轻触刀头，确保温度不过高；电剪使用姿势标准，以免刮伤皮肤；电剪处理敏感部位不可超过两次，如下颌和颈部，以免宠物犬感觉不适挣扎，引起意外。

（二）合理使用美容产品

对皮肤敏感的犬、猫，选择温和的含有皮肤润滑成分的天然产品是最好的。

（三）食疗养护

营养对毛皮毛质的好坏起着很大程度的作用，所以要想犬、猫的皮毛好，一定在食物上给它补充营养素。充足的蛋白质能够让犬、猫的毛发长得快、更有韧性、不容易断裂。维生素E具有抗衰老、抗氧化的作用，能提高肌体免疫力，保护细胞膜的完整与功能，维护皮毛的健康。维生素D是使骨骼正常钙化的主要物质，它能促进肠道对钙磷的吸收，帮助皮毛吸收和分解养分。适量的瘦肉、煮熟的蛋黄、植物油等提供的脂肪，有助于皮毛光泽度的改善。但是，过多地摄入脂肪会造成很多其他问题。

（四）季节养护

春秋换季的时候是宠物换毛的时间段，所以这个时期要经常清理死毛，一定要给宠物补充营养。

四、常见皮肤病变原因

宠物皮毛是机体健康状况的直接表现，皮肤光滑、毛发浓密油亮意味着机体健康状态良好，反之皮毛晦涩、凌乱，脱毛往往是机体疾病的信号。如果犬、猫出现全身或部分的毛发脱落，往往是患上某种潜在疾病的征兆。通常引起皮肤异常的原因有以下几个方面。

（一）寄生虫病

寄生虫可分为外寄生虫和内寄生虫。外寄生虫主要包括跳蚤、虱、蜱、疥螨、蠕形螨；内寄生虫主要包括蛔虫、钩虫、绦虫、心丝虫等。

跳蚤、虱可引起动物瘙痒、抓挠，皮肤红点、破溃、细菌感染；跳蚤、虱、蜱的大量感染，吸食血液，可以引起动物体弱贫血，皮毛暗淡无光，严重时全身脱毛，同时其口器唾液及排泄物还会引起犬过敏性皮炎。

疥螨感染可引起皮肤严重瘙痒、脱毛，皮肤增厚和色素沉积，多见四肢和头部。蠕形螨感染可以引起毛囊红肿、脓疱、脱毛，最初从眼周、上下颌、唇周开始，起先并不瘙痒，严重时扩散到颈部、四肢、腹下部、股内侧，引起皮肤红肿、脱毛、皮脂溢出、皮屑脱落，小脓肿，皮肤瘙痒、增厚、色素沉积。

内寄生虫的大量感染可以引起宠物营养不良，消瘦、皮毛干燥，晦涩（图 2–6 ～图 2–8）。其中钩虫可钻入皮肤感染，引起皮肤发炎（多见爪部）；绦虫的孕卵节片可在肛周活动，引起肛门瘙痒，宠物啃咬引起肛周尾根发炎，并可在肛周毛发见到芝麻粒大小干燥蜷缩的孕卵节片。

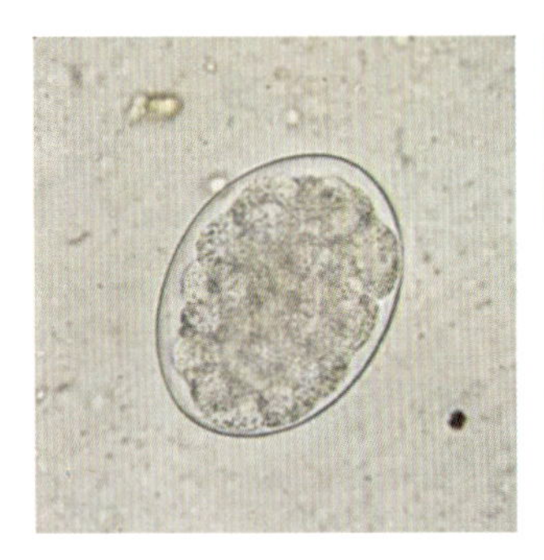
图 2–6　犬钩虫卵（1 000×）

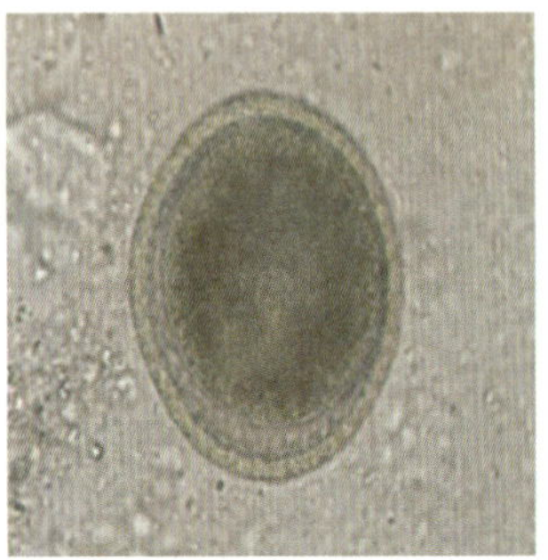
图 2–7　犬蛔虫卵（400×）

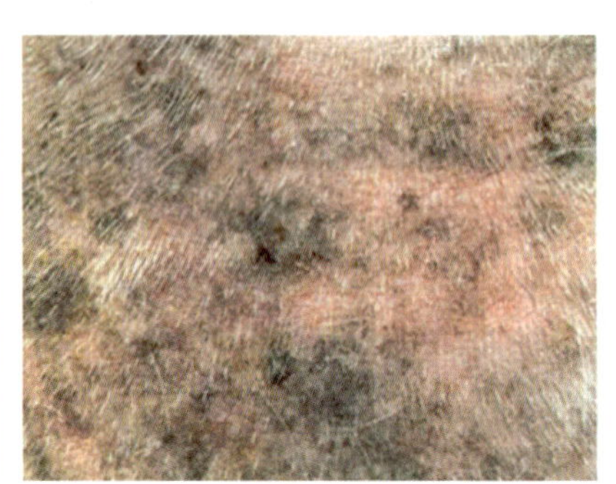
图 2–8　犬蠕形螨病丘疹性皮炎

1. 蚤

蚤是一种吸血性体外寄生虫。犬、猫一旦感染上跳蚤，将影响其正常生活。蚤对犬、猫的危害主要有两方面：一是蚤能传播传染病和寄生虫病；二是蚤对皮肤有强烈的刺激性，引起剧烈的痒感，犬、猫用力地抓搔，会引起皮肤的损伤，并且骚扰犬、猫不能很好地休息，引起食欲减退，体重减轻。

2. 犬螨病

犬螨病又称犬疥癣，俗称癞皮狗病，是由犬疥螨或犬耳痒螨寄生所致，其中以犬疥螨危害最大。本病广泛分布于世界各地，多发于冬季，常见于皮肤卫生条件很差的犬。本病临床症状较多。疥螨病，幼犬症状严重，先发生于鼻梁、颊部、耳根及腋间等处，后扩散至全身。起初皮肤发红，出现红色小结节，以后变成水疱，水疱破溃后，流出黏稠黄色油状渗出物，渗出物干燥后形成鱼鳞状痂皮。患病部剧痒，病犬常以爪抓挠患病部或在地面及各种物体上摩擦，因而出现严重脱毛。耳痒螨寄生于犬外耳部，引起大量的耳脂分泌和淋巴液外溢，且往往继发化脓。有痒感，病犬不停地摇头、抓耳、鸣叫，在器物上摩擦耳部，甚至引起外耳道出血。有时向病变较重的一侧做旋转运动，后期病变可能蔓延到额部及耳壳背面。

3. 犬蠕形螨病

犬蠕形螨病又称毛囊虫病或脂螨病，是由犬蠕形螨寄生于皮脂腺或毛囊而引起的一种常见而又顽固的皮肤病。多发于 5 ～ 10 月龄的幼犬。

本病临床症状复杂、分型较多。鳞屑型：多发生于眼睑及其周围、口角、额部、鼻部及颈下部、肘部、趾间等处。患部脱毛，并伴以皮肤轻度潮红和发生银白色具有黏性的皮屑，皮肤显得略微粗糙而龟裂，或带有小结节。后皮肤呈蓝灰白色或红铜色，患病部几乎不痒，有的长时间保持不变，有的转为脓疱型。

脓疱型：多发于颈、胸、股内侧及其他部位，后期蔓延全身。体表大片脱毛，大片红斑，皮肤肥厚，往往形成皱褶。有弥漫性小米至麦粒大的脓疱疹，脓疱呈蓝红色，压挤时排出脓汁，内含大量蠕形螨和虫卵，脓疱破溃后形成溃疡，结痂，有难闻的恶臭。脓疱型几乎也没有瘙痒。若有剧痒，则可能是混合感染。最终死于衰竭、中毒或脓毒症。

4. 犬蛔虫病

犬蛔虫病是由犬蛔虫和狮蛔虫寄生于犬的小肠和胃内引起的。在我国分布较广，主要危害 1 ～ 3 月龄的仔犬，影响生长和发育，严重感染时可导致死亡。

本病主要症状比较复杂。逐渐消瘦，黏膜苍白。食欲不振，呕吐，异嗜，消化障碍，先下痢而后便秘。偶见有癫痫性痉挛。幼犬腹部膨大，发育迟缓。感染严重时，其呕吐物和粪便中常排出蛔虫，即可确诊。

5. 犬钩虫病

犬钩虫病是犬比较多发而且危害严重的线虫病。钩虫寄生于小肠内，主要是十二指肠。全国各地均有发生。气候温暖地区常见，多发于夏季，特别是狭小、潮湿的犬窝更易发生。本病临床症状较多，严重感染时，黏膜苍白，消瘦，被毛粗刚无光泽，易脱落。食欲减退，异嗜，呕吐，消化障碍，下痢和便秘交替发作。粪便带血或呈黑色，严重时如柏油状，并带有腐臭气味。如幼虫大量经皮肤侵入时，皮肤发炎，奇痒。有的四肢浮肿，以后破溃，或出现口角糜烂等。经胎内或初乳感染犬钩虫的 3 周龄内的仔犬，可引起严重贫血，导致昏迷和死亡。

6. 犬绦虫病

犬绦虫病中寄生于犬小肠内的绦虫种类很多，不仅成虫期对犬、猫的健康危害很大，而其幼虫期大多以其他家畜（或人）作为中间宿主，严重危害家畜和人体健康。

本病临床症状较多。病犬除了偶然地排出成熟节片外，轻度感染通常不引人注意。严重感染时呈现食欲反常（贪食、异嗜），呕吐，慢性肠炎，腹泻、便秘交替发生，贫血，消瘦，容易激动或精神沉郁，有的发生痉挛或四肢麻痹。虫体成团时可堵塞肠管，导致肠梗阻、肠套叠、肠扭转和肠破裂等急腹症。

7. 犬心丝虫病

犬心丝虫病是由犬心丝虫寄生于犬的右心室及肺动脉（少见于胸腔、支气管内）引起循环障碍、呼吸困难及贫血等症状的一种丝虫病。除感染犬外，猫及其他野生肉食动物也可被感染。本病在我国分布甚广，北至沈阳，南至广州均有发现。本病临床症状较多。最早出现的症状是慢性咳嗽，但无上呼吸道感染的其他症状，运动时加重，或运动时病犬易疲劳。随着病情发展，病犬出现心悸亢进，脉细弱并有间歇，心脏有杂音。肝区触诊疼痛，肝肿大。胸、腹腔积水，全身浮肿，呼吸困难。长期受到感染的病例，肺源性心脏病十分明显。末期，由于全身衰弱或运动时虚脱而死亡。病犬常伴发结节性皮肤病，以瘙痒和倾向破溃的多发性灶状结节为特征。皮肤结节为血管中心的化脓性肉芽肿炎症，在化脓性肉芽肿周围的血管内常见有微丝蚴。X 线摄影可见右心室扩张，主动脉、肺动脉扩张。

（二）皮肤细菌感染

皮肤细菌感染主要为葡萄球菌感染，常见浅层脓皮症、深层脓皮症。可见局部、多部位或全身性丘疹、红斑、脓疱，严重时出现皮肤红肿、糜烂、溃疡，甚至化脓性感染。被毛枯燥，无光泽，皮屑过多及不同程度的脱毛，瘙痒程度不等。

（三）皮肤真菌感染

皮肤真菌感染的主要病原是小孢子菌和石膏样小孢子菌。最典型症状为脱毛、圆形鳞斑、红斑性脱毛斑或结节，也有不脱毛、无皮屑但局部有丘疹、脓疱、被毛易折断等现象。真菌症状较为复杂易与其他皮肤病混淆，应做实验室检查区分，但真菌引起局部脱毛的现象最为常见（图 2-9）。

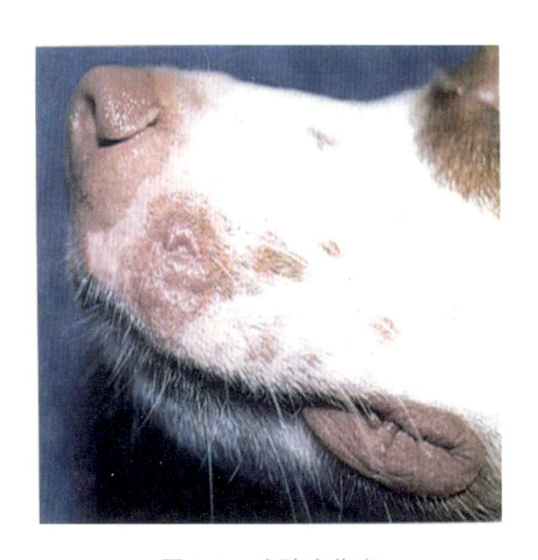

图 2-9 皮肤癣菌病

（四）伤口感染

伤口感染是由于伤口（如咬伤、烧伤、割伤等）的处理不当造成的。如遇到此情况，则要求宠物主人带犬、猫就医，以防对犬、猫造成更为严重的伤害。

（五）过敏症

过敏症常见于食物过敏、跳蚤过敏及异位性皮炎（过敏原多为花粉、尘螨、纤维、人的皮屑等），最常见的症状是瘙痒，并伴有长期的慢性耳炎、趾间潮红、眼周、下巴、腋下红肿、脱毛，并因发病时间较长而出现皮肤增厚和色素沉着。常因动物瘙痒抓挠引起掉毛及皮肤发炎。有些严重的过敏还会出现呼吸急促甚至休克死亡。美容师在给宠物美容时发现慢性耳炎及趾间发红应首先考虑过敏问题。应注意个别犬种的皮肤格外敏感，过度美容会使其皮肤更加脆弱。

（六）内分泌疾病

内分泌引起的脱毛在临床中较为常见，往往脱毛面积较大且呈对称性，一般没有瘙痒。如肾上腺皮质机能亢进（库兴氏病）会导致除头部和四肢外出现对称性脱毛，被毛干燥无光，皮肤变薄、松弛，色素沉积，皮肤易擦伤出血，严重的皮肤可能出现钙化灶；甲状腺机能减退会导致犬的躯干部被毛对称性脱毛，被毛粗糙、变脆，应注意有甲状腺机能退化的犬若剃毛后可能出现不长新毛的现象；雌激素过剩时脱毛往往先出现在后肢上方、外侧，呈对称性，皮肤基本正常，多见发情周期异常、经常假孕的母犬，也常见患有睾丸支持细胞瘤的公犬。

（七）免疫性疾病

免疫性疾病如天疱疮、红斑狼疮等，在鼻梁、眼周、耳周出现糜烂、结痂、鳞屑，鼻部色素减退等，但临床发病率比较低。

（八）营养性疾病

均衡的营养对保持良好的皮毛状况非常重要。影响宠物皮毛健康的营养因素主要包括蛋白质，氨基酸（蛋氨酸、胱氨酸、半胱氨酸），脂肪酸，某些矿物质（锌、铜、铁、碘、硒），维生素（维生素 A、维生素 E、维生素 C、维生素 B_2、维生素 B_6、泛酸、烟酸、生物素、维生素 B_{12}）等。长期的营养不良会引起皮毛无光泽、脱毛、皮屑较多等现象。

1. 蛋白质的缺乏

蛋白质的缺乏会导致犬皮角质化不正常，使犬的皮肤易受损，毛变细、毛色不亮且容易折断，表皮脂肪层受损，导致皮肤呈鳞屑、油腻状，严重的导致犬生长发育迟缓甚至停止。

2. 脂肪酸的缺乏

脂肪不足，可导致皮肤晦暗，皮肤干燥和脱屑，皮肤形成脂肪被膜，皮肤发生脓皮症、脱毛、皮疹等症状，外耳道、趾间出现湿性皮炎。

3. 矿物质的缺乏

影响犬、猫皮毛的矿物质较多，包括锌、铁、铜、碘、硒等，它们在动物体内的含量不同，各自所起的作用也不同。

（1）锌的缺乏会引起角化不全，皮肤皱缩粗糙、干燥、增厚，嘴、眼、鼻子周围、下腭、耳朵、趾、脚垫上出现红斑、脱毛、结痂和鳞屑、皮肤溃疡，哈士奇最为多见。

（2）铁的缺乏易导致幼犬缺铁性贫血，表现为皮肤苍白、被毛粗糙，严重时影响幼犬的生长，甚至导致死亡。应对初生犬常采取多种途径补铁，成年犬一般很少发生缺铁现象。

（3）铜的缺乏易使犬角质化不全及胶原蛋白、弹性蛋白合成变差，导致犬的皮肤苍白，被毛粗糙、脱落、色素欠缺，影响皮毛的健康。

（4）碘的缺乏表现为皮肤干燥、被毛脆、易脱毛等症状。

（5）硒的缺乏表现为脱毛症状。

4. 维生素的缺乏

影响犬、猫皮毛的维生素主要有维生素 A、维生素 E、维生素 B_2 及维生素 B_6、烟酸。

（1）维生素 A 的缺乏会造成皮肤毛囊角化、皮肤粗糙、皮屑增多、皮脂漏、皮肤结痂、被毛暗淡易脱落，常见的为美国可卡的维生素 A 应答性皮肤病，但其过量也会引起中毒，表现为被毛粗糙、鳞状皮肤、血尿或血便等。

（2）维生素 E 的缺乏会导致皮肤粗糙及毛色加深、脱毛、湿性皮炎甚至发生皮下出血等症状。

（3）维生素 B_2（核黄素）的缺乏会造成皮肤红斑、被毛粗糙、脱毛、鳞屑状皮炎、肌肉无力、角膜浑浊等。

（4）维生素 B_6 的缺乏表现为被毛杂乱、粗糙、皮炎、贫血、生长受阻、神经异常等症状。

（5）烟酸（烟酸和烟酰胺）的缺乏会导致犬易患糙皮病，使犬出现皮肤粗糙、皮肤病变（癞皮病）呈现鳞皮状皮炎、被毛粗乱倒竖等症状。

疾病和毛皮的关系纷繁复杂，宠物美容师很难单凭皮毛的表现去确诊为何种皮肤问题，但应具有足够的职业敏感性，能及时发现问题和造成疾病的原因，能够及时建议宠物就医，这也是专业宠物美容师的职责。

学习小结

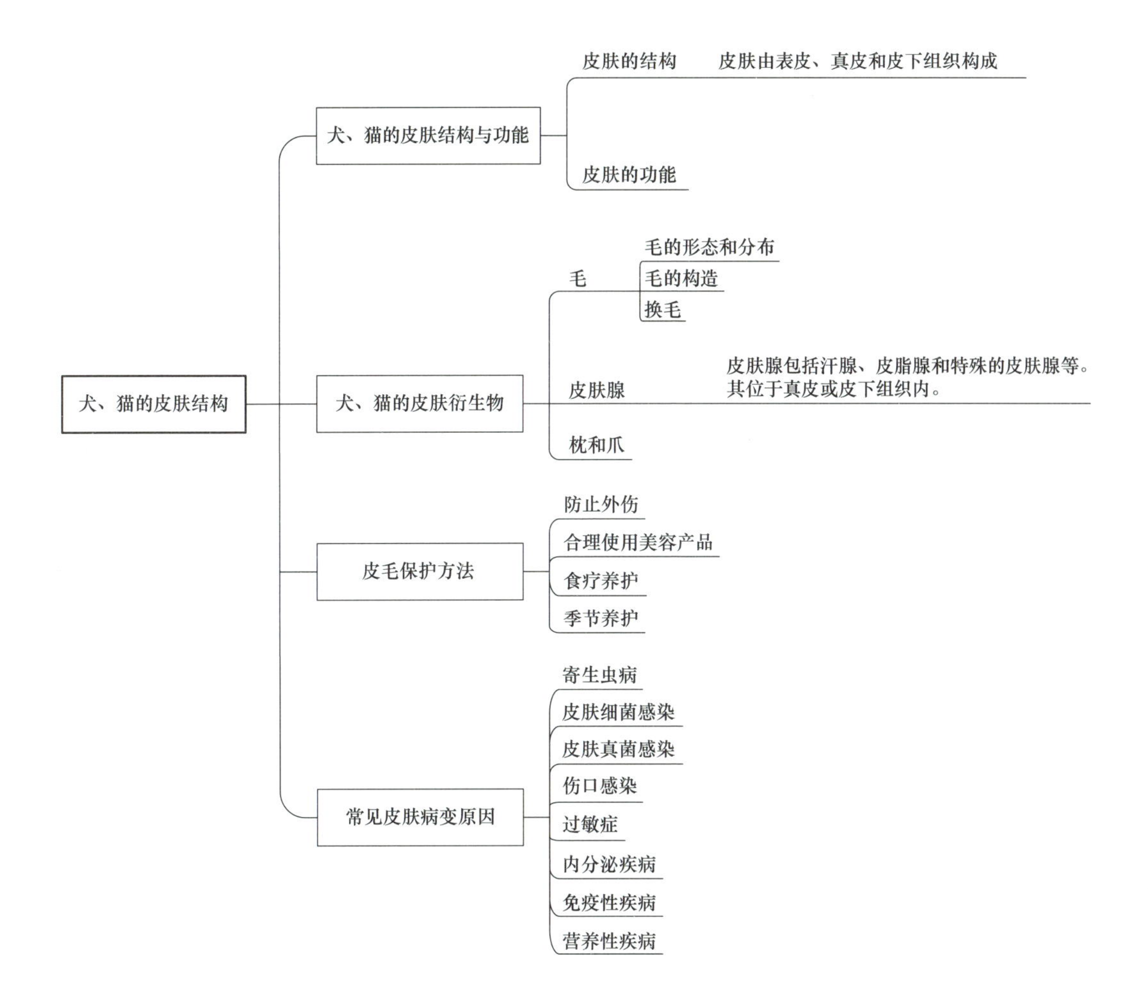

思考题

1. 简述犬、猫皮毛异常的原因。
2. 简述常见犬、猫皮肤病的防治方法。
3. 如何对犬、猫皮毛进行日常养护？

第三章 宠物行为心理

知识目标

1. 识别犬的行为心理。
2. 识别猫的行为心理。
3. 了解犬、猫的异常行为心理。

能力目标

1. 能够正确识别犬的正常行为心理。
2. 能够正确识别猫的正常行为心理。
3. 能够正确识别犬、猫的异常行为心理。

素质目标

1. 热爱宠物，明白宠物行为。
2. 树立正确的自我防护观念。

犬、猫虽然不会用人类的语言来与人类交流，但它们也会用一些行为动作和表情来表达自己的心理及需求。能否通过犬、猫的行为动作和表情来明白它们的心理与需求，关系到宠物护理与美容工作是否能够顺利进行。

单元一　犬的行为特征

犬是人类开始定居时，由狼慢慢驯化而来。因此，犬的身上会有符合人类需求及特有的生理特点，深入了解这些特点就能更好地饲养和训练出性格良好的犬。

一、犬的行为特征

（一）攻击行为

宠物犬一般不会主动攻击人类，如发起攻击，通过唇部上卷，露出所有牙齿、上排牙龈，鼻子上方出现皱纹的表情，传达攻击信号（图 3-1）。

（二）标记行为

犬具有领地保护行为。这个通过标记行为体现。犬通过嗅觉，经常用尿、粪便、唾液及特定的腺体分泌物等有特殊气味的物质来标记属于它们的领域。因此，我们经常会看到犬喜欢到处走走闻闻，走到树根或路边或角落等地方，抬腿撒尿做记号（图 3-2）。

图 3-1　犬的攻击行为

图 3-2　犬的标记行为

二、犬的心理和行为

（一）个性特征

幼犬喜欢四处嬉闹玩耍，容易疲惫，多睡眠。如果不限制运动范围，任其自由走动，它们会尽快习惯四周的环境。如果幼犬半夜吠叫不停，说明需要陪伴。成年犬如换环境，通常会显得十分紧张，可轻轻抚摸消除紧张感。要以温和的态度对待犬，让其感到安全与自由。这样，有助于很快适应环境。

（二）肢体语言

犬会用一系列的肢体语言将其想法表现出来，其肢体语言也较猫更简单一些。如犬在高兴时会摇摆尾巴，激动时会跳跃，甚至会将前肢搭在人身上舔人的脸；生气时，犬会龇牙咧嘴，害怕时夹着尾巴；屈服时会四肢朝天平躺在地上。当犬把身体后端抬高，前端低下，尾巴不停地摇动，眼睛欢悦地看着对方，做出俯首动作时，表示希望与它一起玩耍。当犬四肢朝天躺在地上时，表示谦恭与服从。如果犬不停地用舌头舔自己的鼻尖时，表示此时它很紧张。

三、犬的心理行为与驯导

想要与犬有良好的沟通，必须先了解它们的心理和行为，才能在调教犬或美容时达到更好的效果。

犬所有的行为都是出于自我保护和对自己有利的目的，它们不会自发地去做对自己不利或是让自己感到不快的事情。在群体生活中，每只犬的内心既存在想要处于优势地位的权利欲望，又存在甘于使自己处于劣势的服从的本能，这种优势和劣势的等级关系并不是一成不变的，而是根据群体的情况随时可能变化，处于劣势的犬不会甘于一直处于服从状态，有机会就会寻找方法，伺机让自己处于优势地位。

当犬在陌生人接近时会出现低吠或咬人，或因为缺乏各种生活体验而性格胆怯，甚至在与陌生人或同类初次接触时漏尿，说明这只犬的社会化不足。宠物驯导与调教的目的就是通过对犬本能行为的限制，进而引导并培养犬对人的亲近性和服从性。

四、犬的调教

（一）关心与爱

注意犬的身心发展，对其付出真心的关怀是调教犬的根本。首先，应尽量和犬在一起相处，互相交流，就算是职业驯犬师，在开始调教犬之前，一定会试着和犬沟通，安排一段互相了解的缓冲时间。不仅要和犬处在一起，也要常抚摸犬的头或背部，做些亲昵的动作，即使言语不通，也要常对犬轻声细语，只要犬靠过来，对其说说话，才能加强犬对人的信赖。当然关心并不是一味地宠溺，让犬为所欲为。不管是多么可爱的犬，都要赏罚分明，让其明白哪些能做、哪些不能做。

（二）调教

1. 一对一使其集中注意力

不管调教犬做什么动作，以犬和人一对一的搭配最理想。如果有人在旁观看，只有训练者才能对犬发号施令，其他人应保持沉默。调教不需要特定的时间，任何时间均可，如果只是在训练的时间内注意它，其他时候就“放牛吃草”，效果并不会理想。

2. 有耐心与毅力

不论血统多优良的犬种，饲养的方式不对，也会变成劣等犬。犬对饲主的焦躁情绪很敏感，要想培育优秀的犬，人在调教犬时一定要保持情绪稳定。有人刚开始十分冷静，但在训练的途中，一发现犬不能做出自己预期的动作时，就变得焦躁易怒，这时候有必要休息一下，反省自己的教导方式，及时调整心情。重要的是每天持之以恒，有些犬记性不佳、学习能力差，若是中途放弃，则会前功尽弃，一定要有耐性。此外绝对不可以情绪化地随意叱责或打骂犬只。

在动物表演中，经常会看到驯兽师拿食物奖赏精彩演出中的动物。在调教犬时，如果也如法炮制，那么犬若得不到食物，就不服从饲主了。以食物为诱饵适合幼犬，且只限于犬尚未适应新的环境时，等犬逐渐长大，就不宜再以食物相诱，而要发自内心的关怀、夸奖犬，让犬真正心服于饲主。训练犬时，最重要的是赏罚分明，而且要明显地做出“好”与“坏”的区别，只要是不正确的事，到最后一步为止都不可让步。当然训斥完毕，一定要让犬做些正确的事，再表扬它，让其重拾信心，想要表现得更好。

3. 一次不要教太多动作

犬与人共同生活，必须牢记许多规则和礼仪，但无论多聪明的犬，也不能一次全部记住，若强迫教犬太多动作，反而会让犬感到混乱，结果一个动作都学不会。应优先教会犬“不行”“等一下”“坐下”“很好”等口令。可以从犬能够较快记住的事物教起，如对于喜欢球的犬，可一边和犬投球玩耍，再教犬熟悉“捡球”。人们都希望自己的犬能像故事或电影里的犬那样聪明伶俐、善解人意，但过度期待犬做出超出能力范围的事情，会让犬感到十分困惑，最后或许会扼杀其原有的个性。

单元二　猫的行为特征

一、猫的生活习性

1. 清洁

猫特别爱清洁，爱舔自己的身体，经常对自己身上的毛进行清洁。采食后猫用前爪擦胡须，这是为了去除身上的异味以躲避捕食者的追踪。猫的舌头上有许多粗糙的小突起，这是为了去除脏污。

2. 睡眠

猫的睡眠时间较长，一天中有 14 ～ 15 个小时在睡眠中度过，有的甚至可以达到 20 个小时。猫的睡眠在大多数时候是属于浅睡状态，对外界的声音非常敏感，只有 4 ～ 5 个小时处在深睡眠。但是从小和人类共同生活的猫会睡的时间比较长。

二、猫的行为

以前人们养猫的主要目的是防范和消灭鼠患，并未过多关注猫的生活习性和它们心理的实际需求。如今，许多品种的猫都已经成为人们的家养宠物，它们与人类共同生活并逐渐适应这种生活方式，作为饲主或从事宠物相关工作的人必须要对它们的生理、心理等进行全方位了解，才有助于双方更融洽地相处。

1. 猫的行为特点

猫的思维非常活跃。猫不喜欢张扬，它们喜好静观，性情高傲且心思缜密。猫对事物的辨析主要基于嗅觉。稳定猫的情绪可以借用猫熟悉的味道。猫喜欢独居。与犬相比较，猫生性多疑、独立性强。猫领地意识极强。与犬相比较，猫会用更审慎的观察和更长的时间去熟悉它所想要占据的领地，并会对任何企图占据的入侵者进行报复。猫习惯于在物品上留下抓痕，或整理磨损的指甲，或将猫掌具有腺体的气味附着物品上，宣誓领土主权。

2. 猫的肢体语言

猫的眼睛、耳朵、嘴巴、胡须、尾巴、手脚和身体的任何一个姿势和细微变化都蕴含着不同寓意。猫虽然不会说话，但每个动作都可以像话语一样明确地表达自己在某一时刻的心情。

猫的动作、表情简单直接，有着远强于人类的听觉和嗅觉。对于猫而言，人类的表情动作是判断情绪的参考依据，人类的呼吸声、心跳速度，哪怕只有稍微地变化都能引起猫的注意，这些都是猫了解和判断人类的重要信息。

在猫的眼里，主人是猫群中的一只大猫，认为主人懂得与它们相处的方式。因此，熟悉猫的肢体所发出的信号，能够及时给予它们帮助。

● 学习小结

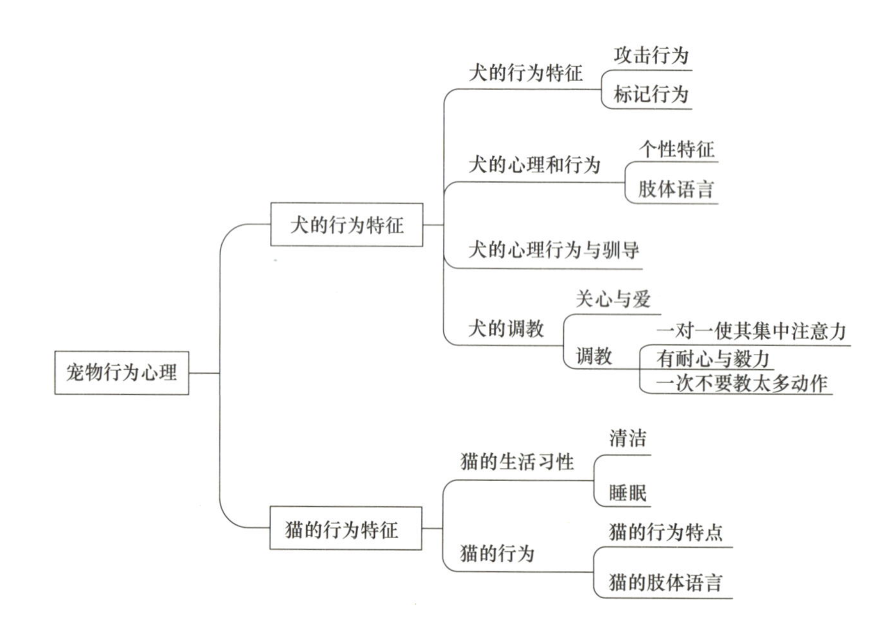

● 思考题

1. 简述如何根据犬、猫的行为判断其情绪。
2. 犬的异常行为包括哪些？
3. 猫的异常行为包括哪些？

第四章 犬、猫的美容保定

知识目标

1. 掌握犬、猫的一般保定方法。
2. 掌握小型犬、猫的保定方法。
3. 掌握大型犬、猫的保定方法。

能力目标

1. 能够正确保定犬、猫。
2. 能够正确保定小型犬、猫。
3. 能够正确保定大型犬、猫。
4. 能够在保定过程中注意自身安全。

素质目标

1. 热爱宠物，正确保定宠物。
2. 树立正确的宠物福利观念。

所谓保定，就是在保护好自己和宠物的前提下将宠物妥善控制，使其能够安全、稳定地接受诊疗和美容处置。在护理美容的时候，宠物不会像人一样乖乖不动，所以不管是饲主还是美容护理店的工作人员和宠物医护人员，都需要具备熟练的宠物保定操作技巧。能否对宠物实施合理的保定措施，关系到宠物护理与美容工作是否能够顺利进行。

一、保定的一般步骤

（一）接近

第一次接近陌生犬时要先了解犬是否具有攻击性。有恐惧心理和警戒心的犬，要边唤它的名字边靠近，在其视线下方用手背去试探，使其安定，放松警惕。不要去抚摸和搂抱犬，以免受到伤害。

（二）正确抱犬、猫

根据体型选择合适的美容桌。根据犬、猫的大小、高低调整美容桌上的固定杆高度，并将旋钮拧紧固定（图 4-1 ～ 图 4-3）。

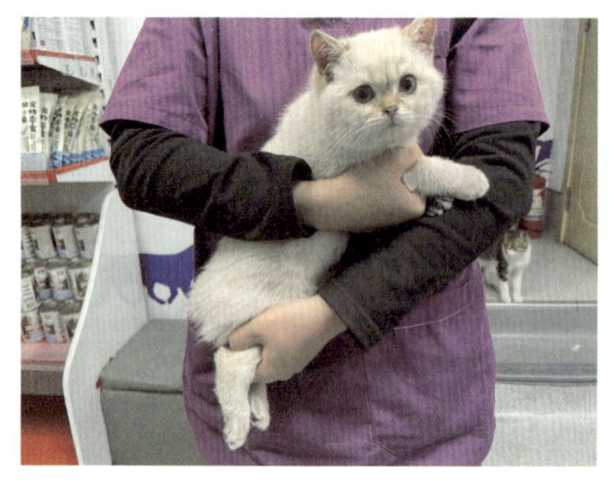

图 4-1　正确抱猫

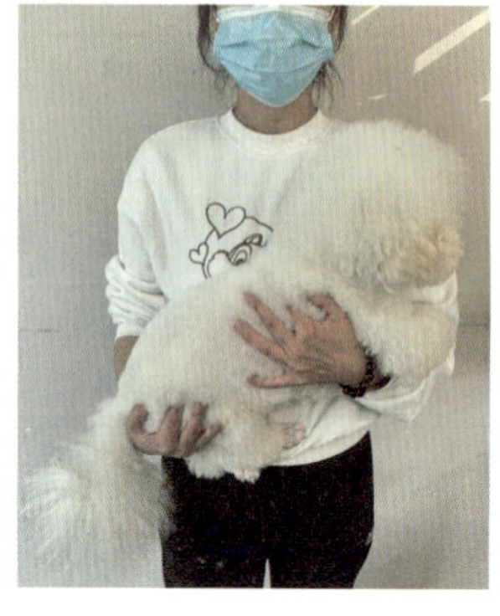

图 4-2　正确抱犬

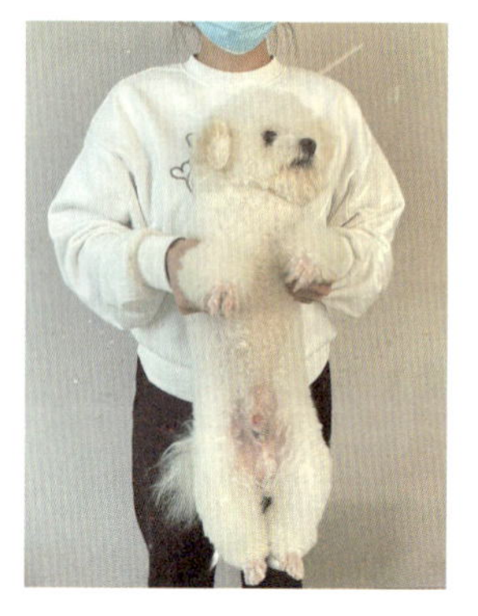

图 4-3　错误抱犬

（三）固定犬只

先将绳圈套过犬的头部和一侧前肢，斜挎于犬的前身，调整绳圈的大小至适当位置，然后将绳圈的一端与固定杆连接（图 4-4）。

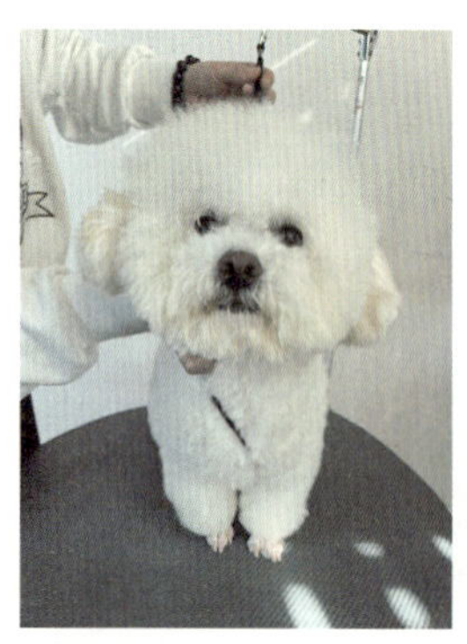

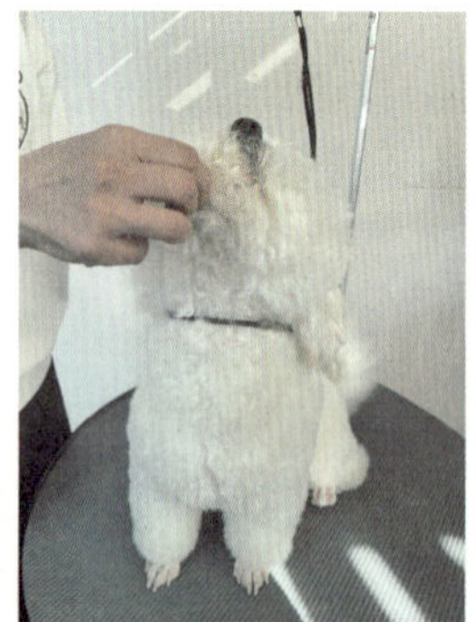

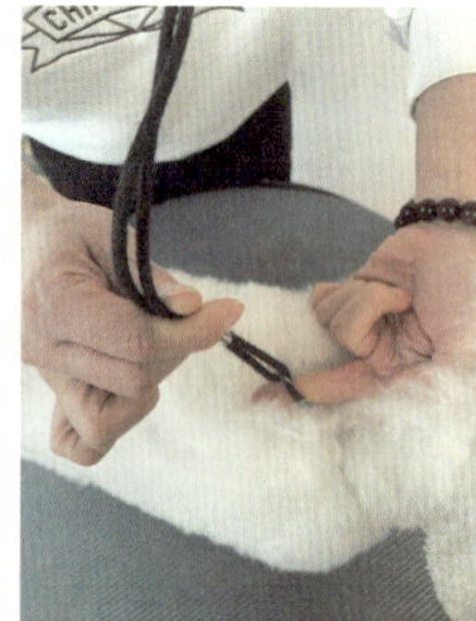

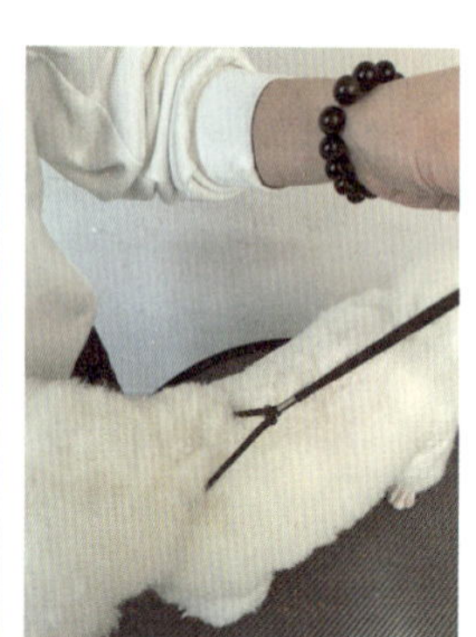

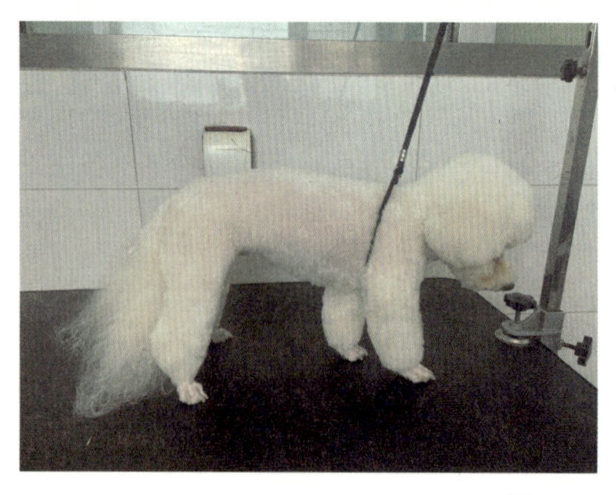

图 4-4　绳圈保定

（四）其他保定方法

1. 扎口法

采用适当长度的绷带条，在绷带 1/3 处打猪蹄结，将圈套从鼻端套至犬鼻背中间，然后拉紧圈套，使绷带条的两端在口角两侧向头背两侧延伸，在两耳后颈背侧枕部收紧打结，然后将其中长的游离端引向鼻端，穿过绷带圈，再返转至耳后与另一游离端收紧打结。

2. 伊丽莎白项圈保定法

先将伊丽莎白项圈围成圆环套在犬、猫颈部，然后利用上面的扣带将其固定，形成前大后小的漏斗状。

3. 正身保定法和反身保定法

正身保定法和反身保定法主要应用于修脚底毛或剪指甲的保定。与犬身体反向，用胳膊夹住犬的肩部，一只手抓住犬的脚部，另一只手工作，此法称为反身保定法。与犬身体同向，操作方法与反身保定法相似，称为正身保定法。

二、小型犬保定

将手伸入犬的两腋下，抓住肩膀让犬从笼子里出来。将手伸入笼子前，要先仔细观察犬的表情，若犬因为胆怯而进行攻击时，可试着以手背朝犬的方向轻轻伸入笼内，不容易被咬伤。将犬的部分身体抱出笼外后，一只手绕到犬的胸部，另一只手绕到腹部下方，让其后肢轻轻抬起，将犬完全抱出笼外直接放在地板上。

三、大型犬保定

戴上项圈和牵绳，从后面轻轻抓住宠物左右肘，慢慢让犬用后肢站立，将前肢搭在美容桌上。借助前面的姿势，将手绕到宠物臀部或腰部。确认犬前肢稳稳搭在桌面上后，站直身体并顺势将犬抱起来，让犬站到桌上。将犬从地板上抱起。当让犬只在美容桌上站起来时一只手从犬的臀部下方伸入，以提起腰部的方式让犬站起来。另一只手要扶在犬的胸前，以防止犬从美容桌上跳下。如需让犬坐下则一只手从下方抓住其口吻部，另一只手轻轻放在臀部。提起口吻部，像要将犬的头往后仰、身体往后推的样子，轻轻按压臀部，让犬坐下。当犬不愿站立，拒绝上桌时，可用一只手环绕犬的颈部，另一只手伸到犬的腰部下方，从其身体后方绕过来，抓住肘部抱住犬。美容师的面部要朝向犬的身体后侧并紧紧抱住，等待宠物稳定下来。

四、美容保定注意事项

正确判断犬、猫友好、机警、害怕等情绪，防止被攻击咬伤。

（1）了解宠物的习性及身体健康状况，是否会主动攻击，是否处于患病期或康复期，是否患有心脏病等各种疾病。

（2）事先准备好美容工具，确保美容工具放在美容师伸手可触的地方，同时确保美容师的手一直能触摸犬、猫。

（3）美容师要用手托住犬、猫的身体使其保持稳定，使美容工具与犬、猫之间保持一定的距离（美容工具不能放在保定犬、猫的美容桌上）。接触一只陌生犬、猫时，在确定所有的肢体语言后，再进行眼神的直接接触。在伸手触摸脾气不好的犬、猫时，一定要将手背冲着它缓缓伸过去。不要总想着要控制犬、猫，要用温和的语调与犬、猫交流。一定不要把犬、猫单独留在桌子上。只有犬、猫在人的控制和观察下，在美容桌上使用吊绳会很安全。无人管理时，情形就会变得危险，如果犬、猫跳下美容桌甚至可能会致命。包括帮犬、猫洗澡时，必须使用美容吊绳，以免犬、猫从水槽中跳出。

五、常用保定工具的介绍

（一）绳圈

（1）用途：可将犬固定在美容桌上，以便美容的顺利进行。

（2）类型：尼龙绳、铁链或皮革绳圈。按犬的个体大小选择合适的长度和宽度（图 4-5）。

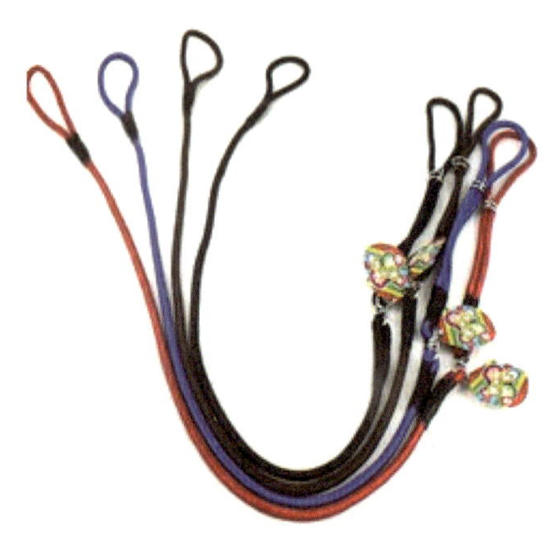

图 4-5　绳圈

（3）注意事项：长度尽量要收短，但千万不要让犬有被勒紧的感觉。

（二）绷带

（1）用途：快速系紧犬的嘴部，以免工作人员被犬咬伤。

（2）类型：纱布条或布条（长为 1 ～ 1.5 cm，宽为 2 ～ 5 cm），或市售绷带（图 4-6）。

图 4-6　绷带

（3）注意事项。

①大型犬最好用结实的或双层纱布条，不结实或没戴好就保证不了安全。

②绷带保定法会抑制喘气，对厚毛动物或处于高温环境时，需灵活使用。

③当动物出现呼吸困难或开始呕吐时要立即解除绷带。

④如果要迅速解除难以驾驭的犬的绷带，需解开蝴蝶结并拽住绷带的两端，稍安抚再放开。

（三）嘴套

（1）用途：快速保定犬的嘴部，以免工作人员被犬咬伤。

（2）类型：市售尼龙、塑料、人造丝或皮质嘴套，选择大小合适的嘴套给犬戴上（图 4–7）。

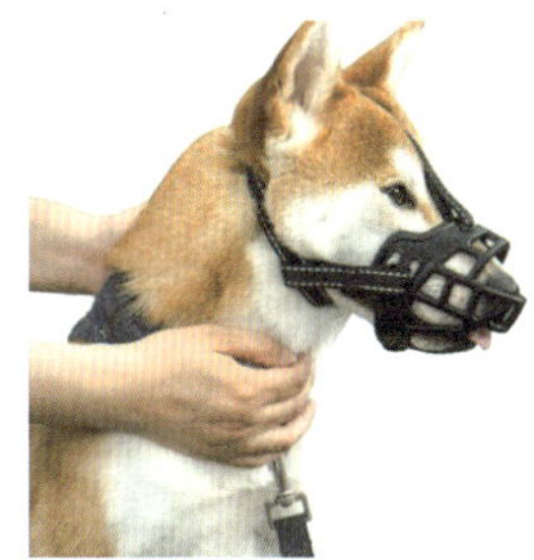

图 4–7　嘴套

（3）注意事项。

①市售尼龙或人造丝嘴套在使用前后都必须消毒。

②好的嘴套需要具备下列条件：不会弄伤宠物，搭扣使用方便、能快速操作，不易脱落，容易清洗。

③嘴套会抑制喘气，对厚毛动物或处于高温环境时，需灵活使用。

④当动物出现呼吸困难或开始呕吐时要立即解除嘴套。

⑤如果要迅速解除难以驾驭的犬的嘴套，需解开搭扣并拽住嘴套的两端，稍安抚再放开。

（四）伊丽莎白项圈

（1）用途：将项圈戴在难以驾驭或凶猛咬人的犬、猫的颈部，防止美容时宠物咬人以及自咬或自舔。

（2）类型：一般应选择坚韧而有弹性的材料来制作项圈（如塑料），而不用易折的材料（如纸板）。项圈的合适长度应比宠物吻突长 2 ～ 3 cm，并使项圈的基部对着肩部向后拉。也可用市售伊丽莎白项圈，并按犬、猫的个体大小选择合适的项圈(图4–8)。

（五）美容推车

根据犬、猫的大小选择适合的美容推车（图 4–9）。

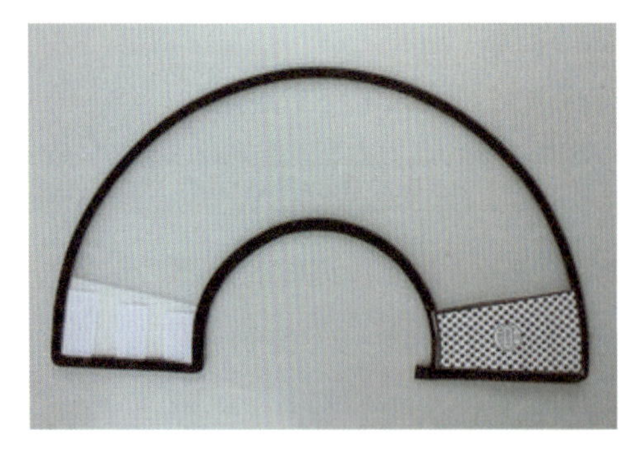

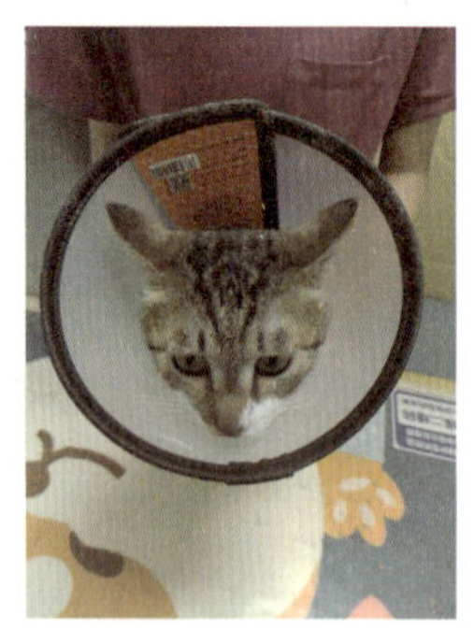

图 4-8　伊丽莎白项圈

（六）美容桌

（1）用途：美容时可用绳套将犬、猫固定在美容桌上，方便美容师为其美容。

（2）类型。

1）轻便型：材料轻便易于携带，适合犬、猫展或旅行时使用。

2）大中型：稳固，犬、猫只躁动时不摇晃，适合在美容店使用。

3）油压或汽动型：沉重不易挪动，高低可以自由调整，并且能 360° 旋转，美容过程可配合美容师的身高及习惯（图 4-10）。

图 4-9　美容推车

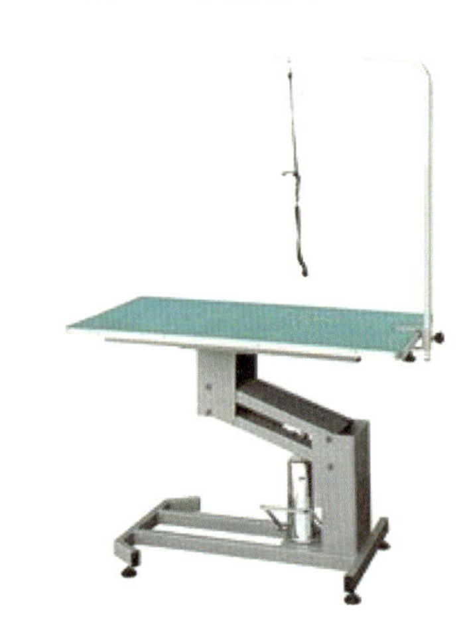

图 4-10　美容桌

（3）注意事项。

1）美容桌的高度要适合美容师的身高。

2）固定杆要稳固，高度可以根据犬、猫的身高自由调整。

3）桌面要容易清理。

（七）防滑垫

（1）用途：防止美容桌过滑，常于犬、猫洗浴和浴后吹干时垫在美容桌上。

（2）类型：常见的有 PVC 或橡胶材质。

（3）注意事项。

1）防滑垫尺寸与美容桌的尺寸相当。

2）防滑垫要容易清理。

六、常见安全事故及处理办法

宠物到了美容店需要为它们营造一个安全、舒适的活动环境，从店铺装修设计开始就要注意到这些问题，例如温、湿度的问题，通风换气的问题，防滑的问题等。

（一）常见的安全事故

美容护理中常见的安全事故包括烫伤、骨折脱臼、眼睛的安全问题、脑震荡、中暑、缺氧等。

1. 烫伤

（1）易发因素：烫伤主要发生在给宠物洗澡时。突然接触很烫的水容易造成宠物烫伤。此外，为宠物吹干时吹风机离宠物太近也是造成烫伤的常见原因之一。

（2）应急处理：如果宠物被烫伤，要马上用冷水冷却烫伤的部位，然后用干燥洁净的纱布轻轻擦去水分，尽量不要触碰伤处，用纱布覆盖伤处，不要压迫得过紧。应急处理之后要尽早送到宠物医院进行治疗。

（3）预防措施：使用热水和凉水混合栓的热水器，最高温度不要调得太高。在用喷头冲洗犬只之前，先用手测试一下水温，感觉水温合适后再冲洗宠物。烘干时吹风机一定要与宠物保持一定距离，不能离得太近。

2. 眼睛的安全

（1）易发因素：给宠物洗澡时，香波等有可能造成宠物眼部充血。

（2）应急处理：用冷水或温水冲洗，让药剂或香波顺水流出来，即使宠物因不愿意被冲洗而抵抗，也一定要坚持把眼睛冲洗干净。然后用 2% 硼酸溶液涂抹在眼部周围，再滴眼药水，不要给宠物滴人用的眼药水，防止使情况恶化。

（3）预防措施：洗澡前先在宠物的眼部和周围涂抹眼部软膏，这样可以在洗澡时保护宠物的眼睛不受香波或护毛液的刺激。宠物的眼睛在洗澡前就有充血现象或眼糜很多的情况下，尤其要注意防止香波进入眼睛。

3. 缺氧

（1）易发因素：为防止宠物咬人，有时在为宠物美容时需要为其戴上嘴套，这种情况下有可能因为宠物呼吸时的气体交换受阻而导致宠物缺氧。另外，自动烘干机内太热或宠物在里面待的时间过长，都可能会引起宠物缺氧。

（2）应急处理：让宠物在通风良好的区域安静地趴一会儿，情况严重时使用心肺复苏的方法救治。

（3）预防措施：对于必须使用嘴套才能进行美容的宠物，可以用稍微大一点的嘴套，给宠物足够的呼吸空间，还要尽可能快速地完成宠物美容操作。

美容过程中不要让犬一直吠叫，这样也会造成犬的体温升高，有缺氧的风险。此外，当为宠物自动烘干时，一定要时刻注意宠物的安全，人不可以离开烘干机。

（二）美容工具导致的事故

剪刀或电剪使用不当可能会伤到宠物，造成受伤、流血等事故。给宠物去除毛结的时候，也可能会造成皮肤大面积受伤，一定要注意使用去除毛结的专门工具。比起效率，安全是第一应该考虑的因素。

1. 剪刀事故

（1）易发因素：在修剪耳尖、耳边缘、肛门或睾丸附近、足垫、胡须、眉毛、脸颊等部位的毛发时，剪刀的尖端有可能会伤害到宠物的皮肤。误放在美容桌上的剪刀也有可能伤到宠物。

（2）应急处理：耳、足垫、尾巴等部位受伤时，可用压迫法止血。伤口太深需要缝合时，先快速止血，然后马上带宠物去宠物医院处理。

（3）预防措施：在使用剪刀时，剪刀的尖端尽量不朝向宠物；修剪宠物头部附近时，一定要用一只手护住宠物头部，保证宠物的安全；剪刀不用时不要随意地放在美容桌上，可以放回工具包中或收到桌子底下；美容师最好在腰带上配备工具包，专门收纳带有刀刃的美容工具。

2. 电剪事故

（1）易发因素：使用电剪时下压过度或角度太深，可能会伤到宠物的面部、头部、耳或尾巴的皮肤；电剪使用方向错误可导致伤到飞节；没有确认宠物的乳头位置而不小心剃到的情况也有很多；替换剃刀型号后因刀刃薄厚度不一造成下手太重导致剃刀伤及皮肤；电剪刀刃过热导致皮肤烫伤。

（2）预防措施：皮肤不平坦的部位不要使用太厚的剃刀；养成随时用手测量剃刀温度的习惯，如果刀刃过热，可用喷雾给刀刃降温；准备足够数量和型号的刀片。

3. 梳毛刷事故

用柄梳和针梳梳理毛发时，力度太过、角度不对或深浅度没有掌握好，可能伤及皮肤表面，特别是耳、飞节、血管密集的地方，需要特别注意。

4. 排梳事故

梳开被毛的毛结，就要用到排梳，竖着用力梳理时，可能会造成皮肤撕裂。梳理头部的毛发时注意不要伤到眼睛。

5. 指甲钳事故

（1）易发因素：指甲剪得过多，会剪到血线的部分导致出血。

（2）应急处理：如果伤口较浅，出血时美容师可用手指蘸取少量止血药剂，按压于出血部位即可止血。伤口较深、出血多不容易止血时，要用力按压爪子根部来止血，再使用快速止血剂等药品时，要在美容后洗去。

（3）预防措施：给爪子色素较浓的宠物剪指甲时要一点一点地剪，防止修剪过度导致宠物受伤。

6. 逃跑事故

（1）易发因素：宠物趁人不注意从桌上跳下逃走，这种情况时有发生，一般都是由于疏忽大意引起的。

（2）应急处理：发现宠物要往店外跑的时候，绝不能跑着追上去，要尽可能地俯低身体，使眼睛的位置降低，斜视宠物并温柔的呼唤；一边注意宠物的动作一边慢慢接近；宠物试图逃跑时，有时候帮忙的人越多宠物越会向外逃窜；人还可以尝试往相反方向跑，宠物可能还会追过来；如果宠物跑丢，可以以走失地为中心在周边寻找，同时采取张贴寻宠物启示、向警察报案、联系当地动物保护中心等各种方式，在最短的时间内尽全力寻找。

（3）预防措施：可以在美容区域设置一个围栏，使美容区与外部区域隔开，这样即使宠物从美容桌上跳下也不会跑到外面；宠物店的正门应用手动门，不要用感应自动门；迎送宠物时最好使用笼子，到达店内宠物美容区域前不要打开笼子。

（三）美容师被宠物咬伤时的处理

1. 被宠物咬伤或抓伤后的应急处理

被宠物咬伤或抓伤，没有破皮的情况，用大量的肥皂水清洗被抓、咬的地方，然后用酒精或碘酒消毒即可。如果被宠物抓、咬出伤口，要先将伤口中的血尽量挤出，然后用大量浓肥皂水清洗，再用碘酒消毒，最好能用碘酒浸泡伤口 5 分钟，然后马上去就医，注射狂犬病疫苗（最好在 24 小时内注射）。

宠物咬伤人后可能会马上跳下美容桌并逃出宠物店，所以在护理时应该关闭出入口，一旦出现事故可以迅速做出反应，避免事态更严重。

2. 预防措施

（1）做好防范。如果一只爱咬人的犬是店里的常客，那么就要在客户手册上记录下来，并告知全体员工这只宠物犬的问题，以便它每次来店里的时候都能及时做好防范。

（2）戴上脖套。对于爱咬人的犬，可以在美容护理时给它戴上脖套，或让其他店员来协助保定犬；对初次来店里的犬，如果发现它有爱咬人的问题，那么在美容的过程中就要格外小心，仔细观察犬的行动，防范危险，必要时采取一定的措施。

学习小结

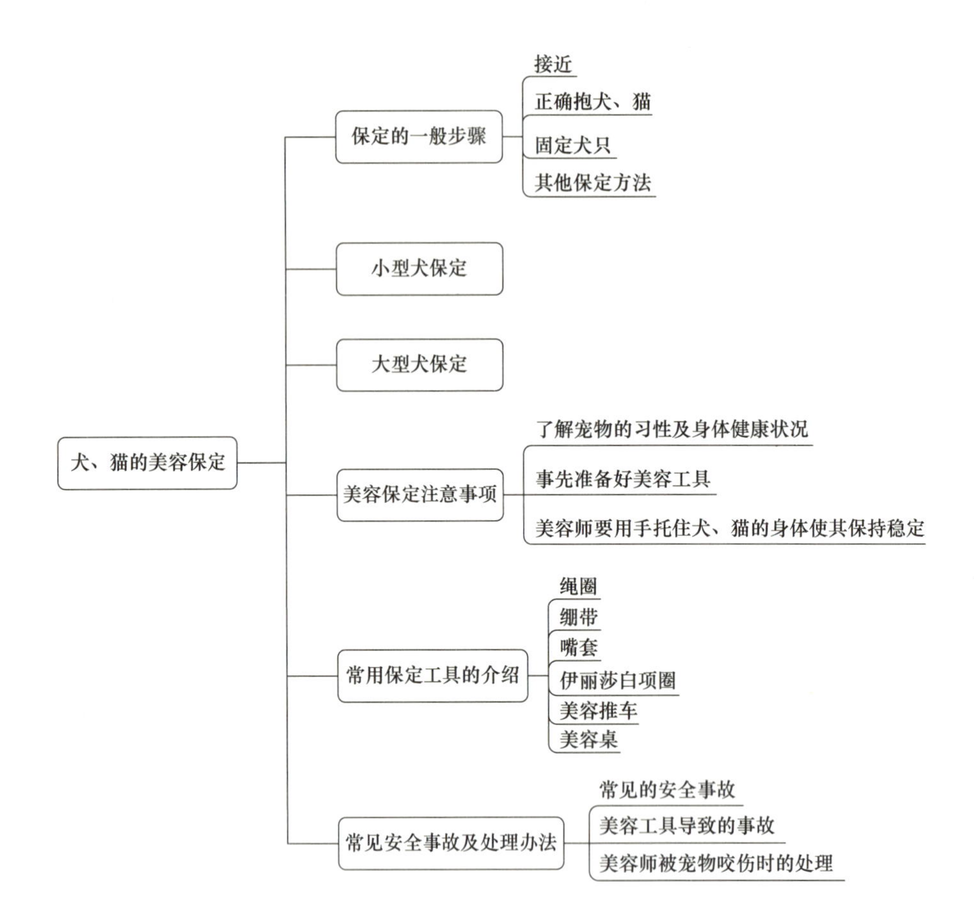

思考题

1. 如何使用美容桌吊绳对犬进行保定？
2. 如何对大型犬进行美容保定？
3. 如何对猫进行美容保定？
4. 简述犬保定时的注意事项。
5. 简述猫保定时的注意事项。
6. 保定过程中美容师有哪些注意事项？

第五章 美容工具的识别、使用与保养

知识目标

1. 了解常用美容设备的种类。
2. 了解辅助美容设备的种类。
3. 掌握常用美容设备的使用。
4. 掌握辅助美容设备的使用。

能力目标

1. 能够正确识别常用美容设备。
2. 能够正确使用常用美容设备。
3. 能够正确识别辅助美容设备。
4. 能够正确使用辅助美容设备。

素质目标

1. 爱护公物，爱护美容器械。
2. 树立正确的自我防护观念。

宠物美容工具种类繁多，用处各有不同，各种美容工具的保养与延长工具的使用期限至关重要。是否会选择合适的工具关系到宠物美容工作能否顺利进行。

一、常用美容设备

（一）美容桌

美容桌可以使美容师视野更清晰、和宠物的距离更合适，而且在正确高度的桌子上工作还可以减轻美容师的肌肉劳损和背部相关的伤害。美容桌的使用可参考第四章相关内容。

1. 标准美容桌

标准美容桌是在没有电动或液压动力的情况下需手动调整的，有两种传统的类型，一种是固定的高度美容桌（图 5-1），另一种是高度可调整的美容桌（图 5-2）。高度可调整的桌子比固定高度的桌子更加灵活，需要手动来调整高度以适应不同体高的宠物。

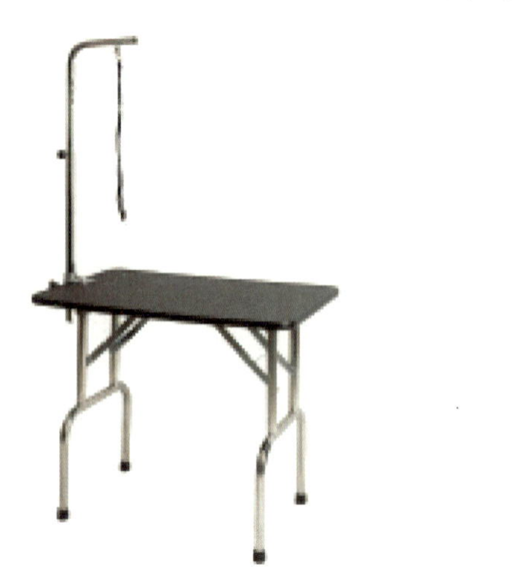

图 5-1　不锈钢折叠美容桌

图 5-2　气动升降美容桌

2. 电动和液压动力美容桌（内置电源插座）

电动或液压动力下可调整的美容桌（图 5-2）有三个关键的优点：速度、方便和精确。一些型号的美容桌在桌面上安装电剪、烘干器和其他工具，为操作提供了便利，有些桌子可以从下方提供照明，照亮正常光照条件下难以看到的部位。与标准美容桌相比，可调节美容桌更节省时间，减少身体的损耗。

（二）美容支架

1. 便携式支架

便携式支架可调节性好，可以移动到美容桌的任何部位，满足美容师的需要。对于家庭美容和带宠物旅行来说很实用，不管走到哪里都能有一个方便实用的支架随时使用。

2. 双侧吊杆

双侧吊杆有多个挂钩可以使用，可以保证活跃爱动的幼年的或老年的宠物足够安全，同时还可以让美容师更方便地调整宠物的位置而不需要绕着桌子移动。

3. 美容师助手架

美容师助手架与普通的美容吊杆不同，它的美容臂长度更长，用两根牵引绳将犬的前躯和后躯保定。这是一个非常有用的宠物美容保定工具，尤其是当美容师独自在店铺或移动美容车工作时，可以更好地控制宠物。使用美容师助手架可以控制住任何大小的宠物而不需要占用人手，可以帮助美容师将宠物控制在桌子上，防止宠物坐下。当美容师为宠物美容时，可能离美容支架较远，使用美容师助手架可以更好地帮助美容师为宠物修饰头顶的头冠及胡须，美容师助手架从根本上改变了宠物美容的方式。

4. 吊绳

吊绳和美容吊杆都是宠物美容要用到的重要保定工具。吊绳可以防止宠物乱动，从美容桌上掉落，并防止宠物坐下，使人无法对其进行美容操作。不用吊绳就为宠物护理美容是非常危险的事情，不管什么时候，宠物在美容桌上一定要带吊绳，并且不能单独把宠物放置在美容桌上。

二、辅助美容设备

（一）吹风设备

宠物专用吹风设备常见的有固定式吹风机和手持式吹风机两种。

（1）固定式吹风机。固定式吹风机有悬吊式吹风机（图 5-3）和立式吹风机两种。一般使用功率为 1 000 W 左右、可以调节风速的吹风机，使用时务必要留意吹风机的热度。过热、长时间使用会导致宠物的毛变质。此外，还有风量较强的超级吹风机，可以用来吹毛量多而密的宠物及大型宠物，能缩短吹毛时间。

（2）手持式吹风机。手持式吹风机（图 5-4）是传统的吹风机，可以调节热度，使用方便，是修剪时必备的工具，尤其是做造型的时候，这种吹风机必不可少。

（二）烘干设备

烘干箱是为了快速吹干宠物毛发而使用的一种干毛工具（图 5-5）。

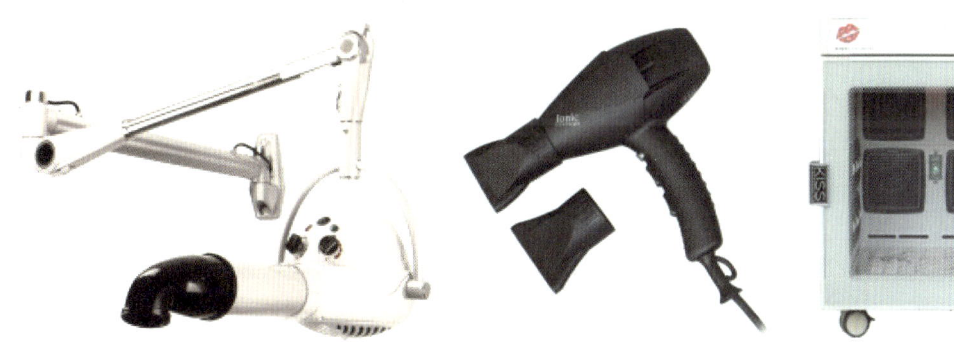

图 5-3　悬吊式吹风机　　图 5-4　手持式吹风机　　图 5-5　迷你型宠物烘干箱

三、宠物护理与美容工具

（一）宠物护理必备工具

宠物护理必备工具包括犬用趾甲钳（剪）（图 5-6）、猫用趾甲钳（图 5-7）、宠物洗浴手套、磨爪器等。其中，磨爪器分为电动磨爪器和手动磨爪器两种。

图 5-6 犬用趾甲钳

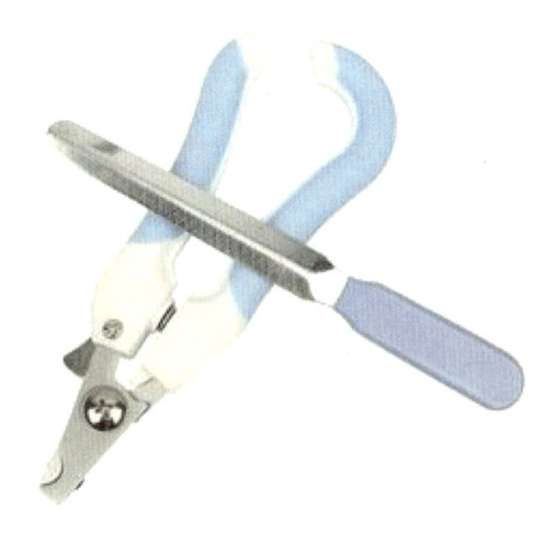
图 5-7 猫用趾甲钳

（二）美容修剪使用工具

（1）剪刀类。直剪（图 5-8）、弯剪（图 5-9）、牙剪（图 5-10）、宠物电动剃毛器、专业电剪及不同型号的刀头、专门清洗刀头的油等。

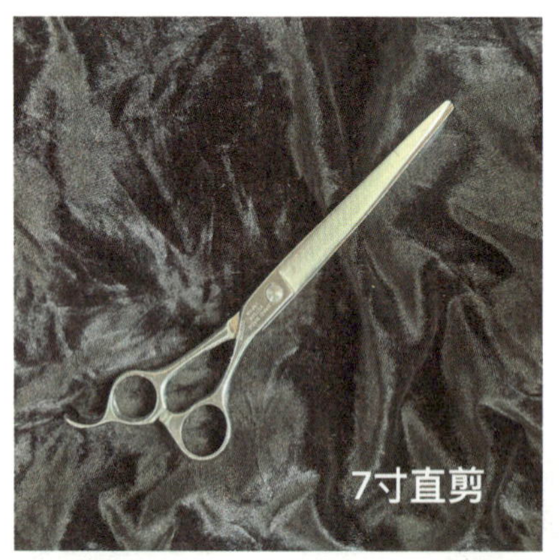

图 5-8 直剪

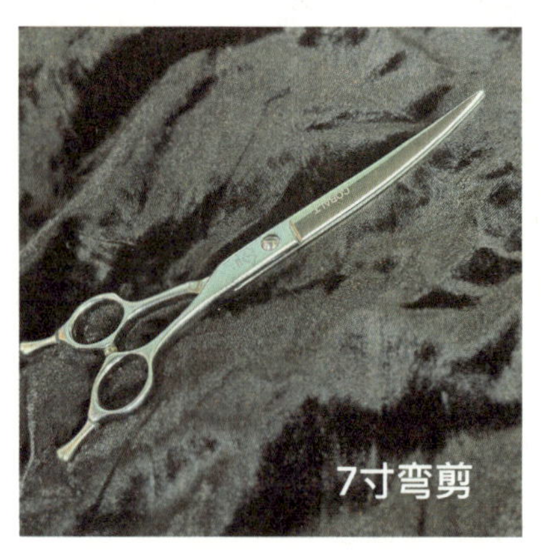

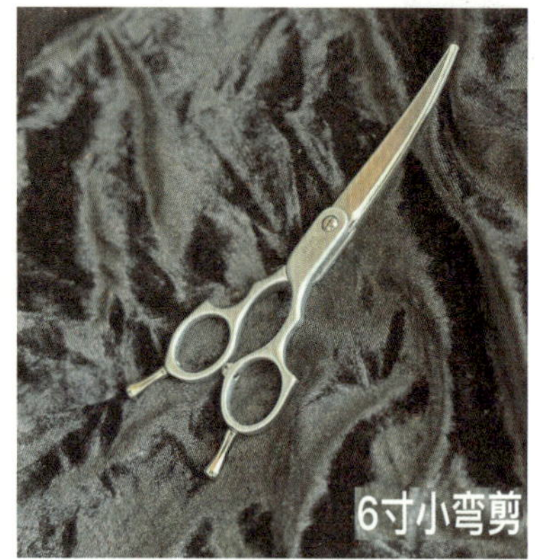

图 5-9 弯剪

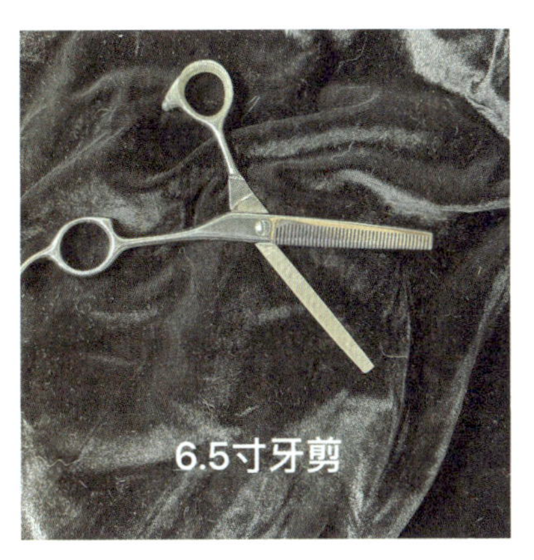

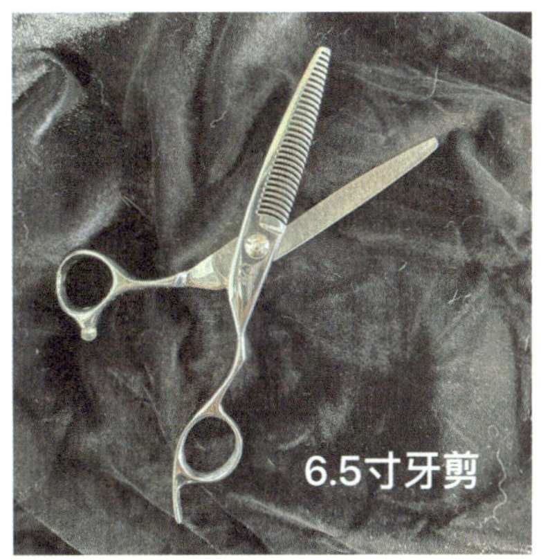

图 5-10　牙剪

（2）梳理、开结类。美容梳（排梳）（图 5-11）、木柄针梳（图 5-12）、钢丝梳（图 5-13）、分界梳（图 5-14）、开结刀等。

图 5-11　美容梳（排梳）

图 5-12　木柄针梳

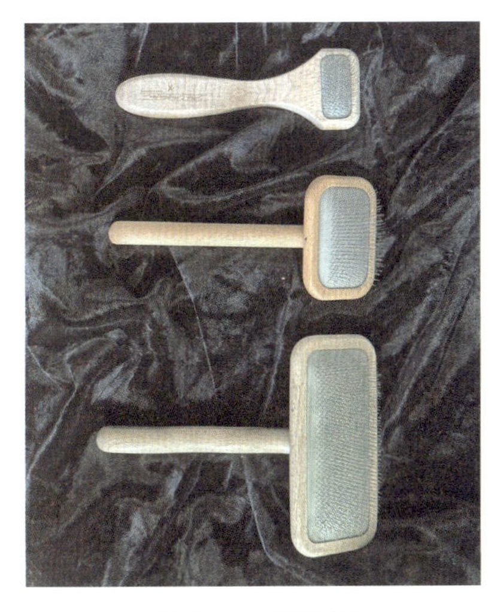

图 5-13　钢丝梳

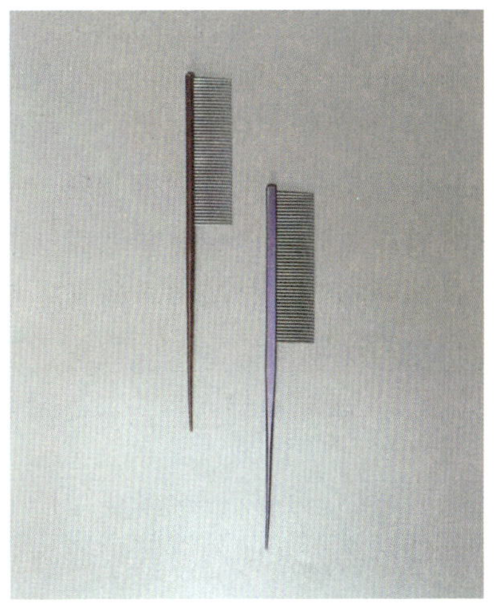

图 5-14　分界梳

（三）其他常用美容工具

其他常用美容工具还有鬃毛刷、拔毛刀、止血钳、吹水机、钢丝刷、橡皮刷等。

使用提示：长毛犬因被毛较长，使用钢丝刷会扯断被毛，应选择圆头针刷或鬃毛刷；短毛犬可使用平滑的钢丝刷；无毛犬则可选择橡皮刷；吹水机适用于大型健康成年犬。

四、美容工具的使用

（一）美容梳等器械用法

1. 排梳、针梳

持握排梳的正确位置是在梳子后端的 1/3 处。排梳在处理被毛打结时的使用顺序和方法是：先使用宽目，再使用细目。运用针梳的正确使力部位是手腕。

2. 止血钳

止血钳主要用于绑发饰、辅助清洁耳道、夹除外寄生虫。

3. 拔毛刀

拔毛刀主要用于拔除刚毛犬的被毛，使用时手腕和小臂用力，大臂尽量保持不动。

（二）电剪用法

选择合适的刀头，在宠物的腹部尝试剪一下。随时注意刀头温度，如果温度高需冷却后再剪。在皮肤褶皱部位要用手指撑开皮肤再剪，避免划伤。剃除躯体被毛时一般使用电剪平推，且电剪应按体毛生长方向修剪。耳部皮肤薄、柔软，要铺在掌心上平推，压力不可过大，以免伤及耳边缘的皮肤。电剪将下腹、足底、肛门周围的被毛剃除干净。

（三）直剪用法

将无名指伸入一指环内，食指放于中轴后。用力适中，小指放在指环外支撑无名指，如果两者不能接触尽量靠近无名指，将拇指抵直在另一指环边缘拿稳即可。运剪坚持由上而下、由左至右、由后向前，动刃在前、静刃在后的原则。

（四）拔毛工具的用法

1. 浮石

浮石为质量轻、有气孔、像石头一样的物质，呈深灰色。粗糙的表面使之成为可以将宠物身上柔软的内层毛拉起来的理想工具。使用方法是在被毛表面上拉动，或是在被毛分线上拉动，类似直线梳毛或刷毛。

2. 刀片

钝刀片是一件完美的梳毛工具。用手指握着刀片，拇指位于刀片后侧的凹槽，通过拉动精密的刀齿进行顶部梳毛或直线梳毛。当拉动刀片时，将刀片向操作者的方向略微倾斜，根据被毛的浓密度和要去除的毛量来调整力度，刀齿精细的脱毛刀用法与刀片相同。

3. 手动拔毛

手动拔毛是一项将犬外层的保护毛从犬皮肤上拉出来的技术。手动拔毛可以帮助宠物保持良好的被毛质地和丰富的被毛颜色。先利用手指、梳毛工具或拔毛刀对宠物进行塑型。然后有规律地进行梳毛工作，顺着体毛生长的方向每次去掉少量的毛。手动拔毛时可以施加温和的冲力和保持一定节奏，手腕保持在中间位置，有节奏地运动自肩膀发力而非腕部或肘部。对于某些特定被毛类型的宠物，在洗澡之前使用少量防滑粉，更容易抓住被毛，使拔毛和梳毛变得更轻松。一般躯干的毛容易拔除，宠物容易接受；脸颊、喉咙和私密位置较为敏感，需要使用去薄剪或推剪。许多被毛较硬的宠物可以简单通过手动拔毛将较长的刚毛拔除。

（五）其他工具的用法

1. 层次剪

夏季将宠物被毛剃短仅留头部及尾部时，头部长毛与身上短毛的落差宜使用层次剪衔接修饰。遇到交叉毛流时应使用层次剪修剪。

2. 美容梳、美容纸、橡皮筋、尖尾梳

用美容梳按照单一方向，由毛根向毛尾端梳理，硬底针梳不建议在短毛宠物被毛梳理时使用。绑蝴蝶结时会用到美容纸、橡皮筋、尖尾梳等工具，美容纸的选择除了必须有适当的坚韧性以外，还要有透气性。

五、工具的养护与收纳

（一）工具的养护

1. 剪刀的保养步骤

（1）清理毛屑：修剪作业完成后，用面巾纸或专用布将剪刀刀刃轻轻擦拭，擦除附在刀刃上的毛屑等。过程中要注意，容易被毛屑塞住的剪刀根部也要清理干净。

（2）喷保养油：刀刃部分要喷上剪刀保养油。使用剪刀保养油时可利用喷嘴的风压将塞在刀刃之间的细碎毛屑吹掉，同时可以在剪刀表面形成保护膜，防止剪刀生锈。

（3）擦拭剪刀：使用面巾纸或专业布料擦掉刀刃上的保养油。面巾纸或布一定要顺着刀刃的方向擦，反方向擦会损伤刀刃，拔毛刀的保养与剪刀相同。

2. 电剪的保养步骤

（1）将电剪的刀头从本体拆除后一定要沿着刀刃的方向用鬃毛刷清除塞在刀刃之间的残余毛屑。

（2）在刀刃喷上电剪专用的保养油，用面巾纸或专用布擦拭。和剪刀保养油一样，利用风压吹掉细毛屑。

3. 梳子的保养步骤

（1）用手以合适的力度去除纠缠在木柄梳上的毛，避免损伤梳针，梳子要清洁到梳针的根部。

（2）使用排梳清除纠缠在针梳上的毛，针梳的针很细，且容易弯曲，毛缠绕的情况会比木柄梳更紧，因此尤其要注意避免损伤梳子。患有皮肤病的犬、猫使用过的梳子要喷消毒液消毒。

4. 止血钳的保养步骤

（1）用流动的水将止血钳的前端冲洗干净，尤其要仔细清洗呈锯齿状的部分。清洗时可以使用牙刷等工具轻轻刷洗，内侧齿状构造的清洁应以顺时针方向刷洗。

（2）在小容器中倒入消毒液，浸泡止血钳的前端，放置一段时间。最好以打开的状态浸泡，使锯齿部分能够完全消毒。

（3）用流动的水将消毒液冲洗干净，用干净的毛巾擦干水。犬、猫的耳部疾病很容易传染，所以止血钳每使用一次，就一定要清洗、消毒。

（二）设备的消毒与收纳

1. 美容桌的清洁消毒

（1）美容桌每次使用完毕后都应立即清理并消毒。

（2）清理时先清理桌面，掉落在美容桌面的毛发应随时扫至桌缘垃圾夹袋中。美容桌沿饰板的残毛处理应先用毛刷扫除干净，然后再消毒，尤其注意较难清理的桌沿包边位置的清洁。

（3）只将桌面上的残毛清除无法切实达到美容桌的消毒效果，桌面、保定杆、桌脚都属于美容桌的清洁范围，美容桌脚和桌底下的废毛每天都要移动桌子清理干净。

（4）美容桌一般常用的消毒清洁方式有酒精、漂白粉和火焰。

2. 美容桌的收纳

美容桌在清空后用酒精均匀喷洒桌面，再以抹布擦拭清理。依组装前样式，恢复美容桌原状并放回原处，将现场所有美容器材都放回原处。

3. 烘干箱的养护

烘干箱内四壁需进行例行消毒；遇患外寄生虫病的犬使用后需立即消毒；烘干箱若有上盖需定期掀开清理毛屑。

4. 其他用品使用注意事项

海绵式吸水巾（吸水巾）不用时应保持湿润状态；吸水巾消毒应使用不会破坏吸水巾结构特性的消毒液浸泡（吸水巾的结构纤维被破坏会影响其吸水性）。吸水巾在不同宠物使用后每次都应彻底消毒。针梳在消毒前应先将废毛清除，清理时，清理方向应与针梳顺向。

（三）美容工具使用注意事项

宠物美容修剪的顺序依造型不同而有所差异，但修剪时需要注意的事项是一样的，如做出符合顾客预期的造型、避免对宠物身体造成伤害、预防意外受伤等。这些都是在宠物护理美容过程中需要注意的基本事项，稍一疏忽就可能带来意料之外的失败和伤害。所以必须逐项确认，认真开展工作。

1. 确认美容项目清单

开始修剪前一定要再次查看美容项目清单，确认顾客预定的服务内容。方便的话，也可以将项目清单放在操作台附近，以便作业时可以随时确认。

2. 注意手放置的位置

想确认造型而需要宠物静止不动时，将手放在宠物下颌口端的毛处和尾根部及大腿内侧等部位，让宠物的头笔直上抬站立。头部过度朝下，左手甚至将经过沐浴和吹干整理好的毛弄乱，是错误的做法。

3. 不要让宠物采取不自然的姿势

在修剪中要提起宠物的四肢时，必须注意移动的方向。由于脚的关节是前后活动的，所以绝对不可横向抬高，即使是前后移动，也要注意不可抬得过高。

4. 拿取工具时的注意事项

（1）为了宠物的安全，修剪时美容桌上绝对不能放置任何物品。排梳和剪刀等每次用完后，都要确认收到美容桌下或是美容师的口袋中。

（2）剪刀不可以张开刀刃的状态放置。

（3）去掉工具上的毛屑。剪毛工作中常有细毛沾染工具，在使用工具前或收纳工具时都应去除工具上的细毛。

（4）手不可以离开宠物的身体。为了预防宠物跳下美容桌等意外的发生，修剪时要一直摸着宠物的身体，美容师绝对不能让双手都离开宠物身体或是往旁边看，甚至离开正在作业的美容桌前。

（5）吹走宠物身上的毛屑。修剪完成后，用吹风机的冷风轻吹全身，吹走附在身体上的毛屑。细毛屑附在身上不加处理，会让顾客的印象大打折扣。

（6）健康方面的检查，确认有没有毛进入宠物眼睛，皮肤有无异状。用沾湿的棉花沿着眼睛边缘轻轻拭去进入眼睛里的毛。有时要经过一段时间以后，洗毛精造成的影响才会出现，所以也要确认皮肤的状态。

（7）完成造型的检查。让宠物端正站立，确认修剪后的造型。美容师确认完毕后，还要接受资深美容师的检查。必要的部分再做修整，完成最后造型。

（8）让宠物回到笼子里。修剪完成后在等待接送期间要将宠物放回笼子，抱起宠物的时候，注意不要弄乱宠物造型。如果可以的话，最好在放回笼子之前先让宠物排便。

（9）美容剪使用时其开口角度以保持30°为宜，拇指施力侧为动刃。按照运剪口诀练习水平、垂直、环绕运剪。无名指过度深入无名指孔，容易造成美容剪开口角度不够。

学习小结

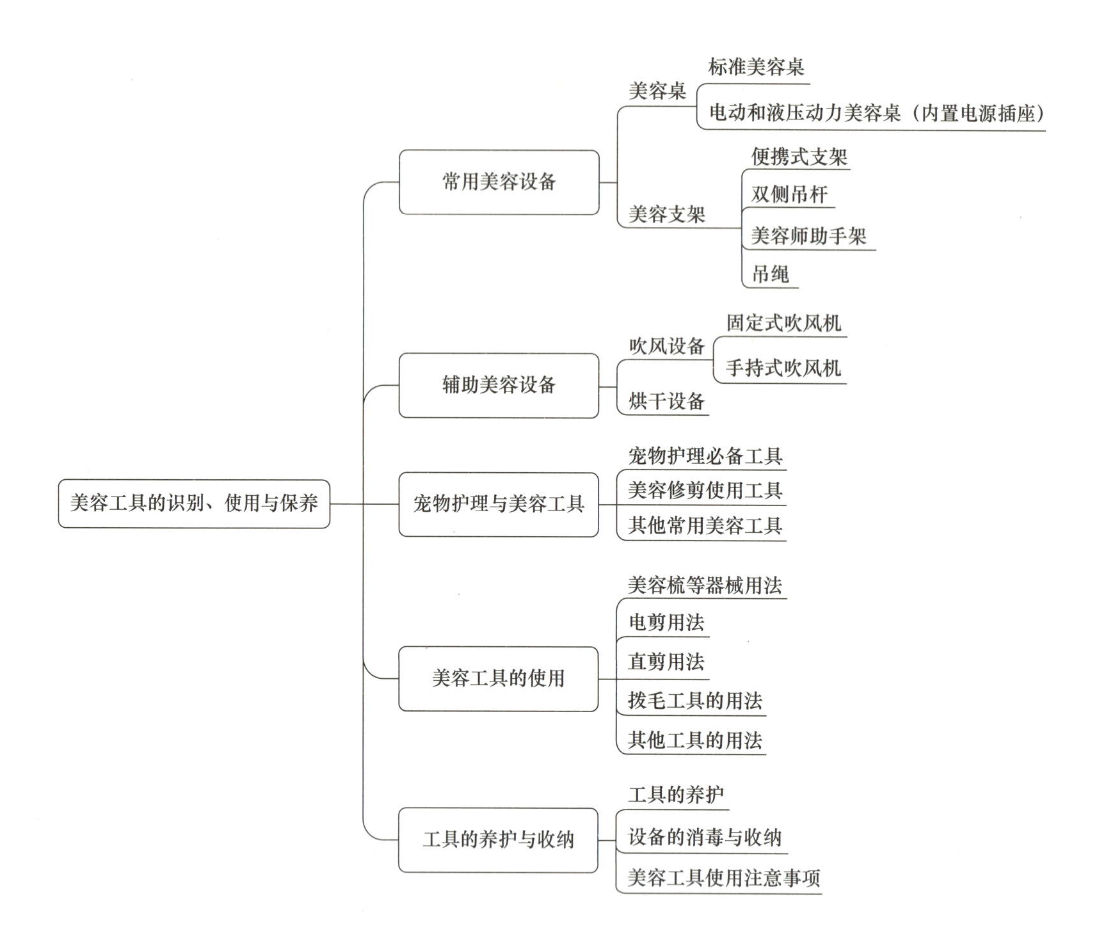

思考题

1. 美容工具的种类有哪些？
2. 如何正确使用美容剪？
3. 如何正确保养美容剪？
4. 如何正确使用电剪？
5. 如何正确保养电剪？
6. 辅助美容工具的种类有哪些？

第六章 宠物的基础护理

知识目标

1. 了解被毛的刷理与梳理方法。
2. 掌握眼睛、耳朵、牙齿的护理。
3. 掌握足部、肛周和腹底毛的清理。
4. 掌握犬、猫的洗澡方法。

能力目标

1. 能够正确刷理与梳理被毛。
2. 能够正确护理眼睛、耳朵、牙齿。
3. 能够正确清理足部、肛周和腹底毛。
4. 能够正确给犬、猫洗澡。

素质目标

1. 热爱宠物，了解宠物需求。
2. 清楚宠物基础护理工作流程，合理分工，充分协作。

定期剪指甲可以防止宠物因指甲太长而导致行走时脚趾张开或扭曲甚至脚趾折断；定期清洁耳朵可保持宠物耳内部清洁，有助于预防耳部感染、耳螨等寄生虫；定期给宠物刷牙可预防蛀牙、牙龈疾病、牙垢等问题。宠物皮脂腺的分泌物不仅有一种难闻的气味，还会沾上污秽物使被毛缠结，如果不给洗澡，就容易招致病原微生物和寄生虫的侵袭使宠物生病。因此，可以说了解宠物的日常护理非常重要，基础护理是宠物在日常生活中不可或缺的一部分，也是保证它们拥有健康生活的根本。

一、被毛的刷理与梳理

被毛的刷理与梳理可以促进宠物身体的血液循环，增加皮肤抵抗力，消除身体疲劳，减轻掉毛量，防止毛发打结，及时发现外伤、皮肤病，让爱宠更加美观。此外，在宠物洗澡前也必须把被毛梳通、梳透，才能洗净被毛。

（一）犬被毛的刷理

（1）刷理的顺序。通常从犬的左侧后肢开始，从下向上、从左至右，依次刷理后肢—臀部—身躯—肩部—前肢—前胸—颌部—头部。一侧刷理完毕换另一侧，最后刷理尾部，刷理肩部时不要忽略腋窝部位。

（2）分层刷理。一只手掀起被毛，轻轻压于掌下，另一只手从被毛根部向外刷理，保证一层一层地进行刷理，每层之间要看得见皮肤。

（3）反复刷理。确保刷遍犬全身，包括尾巴和足部，刷掉死毛和灰尘。

（4）刷开小毛结。如果遇到毛结，应先用手轻轻将毛结拉松，再压住毛根，将毛结逐渐梳开。如果毛结过大或较结实，则去除毛结。若打结情况严重，可用开结刀及底毛耙帮助清理毛结，若要清除严重毛结时，便需加上解结膏、美容粉等。

（二）短毛猫的刷理与梳理

（1）梳理顺序是先从背侧按照头部—背部—腰部的顺序进行，然后将猫翻转过来，再从颈部向下腹部梳理，最后梳理腿部和尾部。短毛猫因为毛质较硬，毛发较短，每周梳理两次即可，每次约 30 分钟。

（2）用钢丝刷或金属密齿梳顺着毛的方向由头部向尾部梳刷。

（3）用橡胶刷沿毛的方向进行刷理。

（4）梳刷后，可用丝绒或绸子顺着毛的方向轻轻擦拭按摩被毛，以增加被毛的光泽度。

（5）短毛品种平时进行被毛护理时，使用一块柔软湿布轻轻擦拭被毛，即可达到去除死毛和污垢的作用，只有当被毛污垢很明显时，再进行刷洗处理。

（三）长毛猫的刷理与梳理

（1）用钢丝刷清除臂部及体表其他脱落的被毛。

（2）刷子和身体成直角，从头至尾顺毛刷理，当被毛污垢较难清除时，可逆毛刷理。

（3）用宽齿梳逆向梳理被毛，梳通缠结的被毛，有助于被毛蓬松，还能清除被毛上的皮屑。

（4）用密齿梳进行梳理。颈部的被毛用密齿梳逆向梳理，可将颈部周围脱落被毛梳掉，同时形成颈毛。

（5）面颊部的被毛用蚕梳或牙刷轻轻梳刷，注意不要损伤到眼部。

（四）毛发梳理的注意事项

（1）在梳理被毛前，若能用热水浸泡的毛巾先擦拭宠物的身体，被毛会更加光亮。

（2）梳毛时动作应柔和细致，用力适度，防止拉断被毛或划伤犬的皮肤。梳理敏感部位（如外生殖器附近）的被毛时尤其要小心，避免引起宠物的紧张、疼痛。

（3）梳毛时观察宠物的皮肤，清洁的粉红色为良好。如果有外伤则需及时处理；

如果呈现红色或有湿疹，则可能患有寄生虫病、皮肤病等疾病，应及时通知宠物主人，予以治疗。

（4）发现虱、蜱、蚤等寄生虫的虫体或虫卵后，应及时用钢丝刷进行刷拭，或使用杀虫药物进行治疗。

（5）对细毛（底毛）缠结较严重的宠物，应以梳子或钢丝刷子顺着毛的生长方向，从毛尖开始梳理，再缓慢梳到毛根部，不能用力梳拉，以免引起宠物的疼痛或是将被毛拔掉。

（6）猫比较难控制，要从小训练，定期梳理，养成习惯。在梳刷被毛前，最好先给猫剪趾甲以防止被抓伤。猫对噪声非常敏感，要在非常安静的环境中进行。

二、眼睛、耳朵、牙齿的护理

宠物的眼睛如果形成泪痕会影响宠物的美观，如果分泌物增多或有炎症表现等，又是机体健康有异的表现。耳朵里如果污垢过多会影响宠物的听觉，也容易感染细菌或寄生虫影响身体健康。宠物牙齿健康与否直接影响宠物的食欲及消化。因此，宠物眼睛、耳朵、牙齿的护理不可忽略。

（一）眼睛的护理

1. 眼睛的检查

检查眼睛是否有炎症或眼屎，是否有眼睫毛倒生现象。正常的眼睛应该清澈、明亮，没有眼屎。若有炎症或眼屎，用温开水或 2% 的硼酸水沾湿棉花或纱布后轻轻擦拭，或滴入消炎眼药水；若眼睫毛倒生，则应将倒生的睫毛用镊子拔除。

2. 滴眼液

一只手握住宠物的下颌，用食指和拇指打开宠物的眼皮，另一只手将眼药水或滴眼液滴在眼睛后上方，每次滴 1 ～ 2 滴。有些品种的犬眼睛周围毛较多，如西施犬、约克夏梗犬等，眼睫毛要经常梳理，周围的毛要适当剪短。

（二）耳朵的护理

1. 拔耳毛

保持宠物不动，用左手夹住宠物的头部，用左手大拇指和食指按压耳朵周围，使耳道充分暴露，将少量耳粉撒入耳中，按摩几下，然后沿着毛的生长方向拔除。手能触到的毛用右手拔除，深处的毛用止血钳等工具小心拔除，如图 6-1 所示。

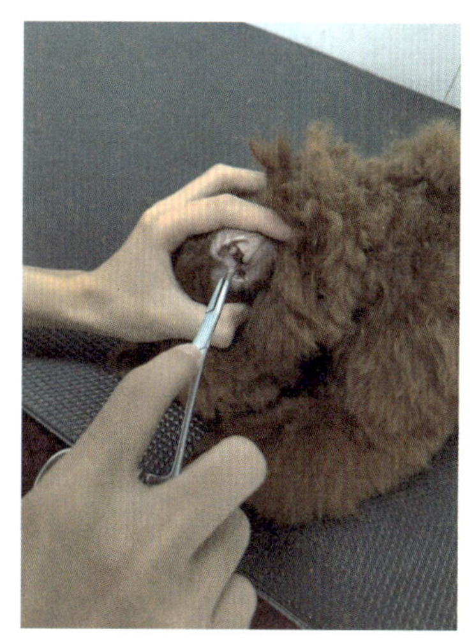

图 6-1 拔耳毛

2. 清洁耳道

根据宠物耳道的大小，把适量的脱脂棉绕在止血钳上，滴上洗耳液，在耳内打转清洗，直到从耳内取出的脱脂棉无污物，则确认清洁完成。

若宠物耳道内分泌物较多，并伴有发炎、流血、红肿等现象时，先将宠物耳内侧毛全部修剪干净，然后在耳道内滴入几滴消炎滴耳液，盖上耳背，在耳根处轻轻按摩 3～5 分钟，再用止血钳夹住脱脂棉将分泌物擦洗干净。擦干净后再滴入消炎滴耳液，轻轻按摩，然后用棉球将耳内液体擦干，最后撒上消炎粉即可。

（三）牙齿的护理

1. 检查牙齿

检查牙齿是否有发炎、牙斑、牙结石等现象。幼年宠物换牙时应仔细检查乳牙是否掉落，尚未掉落的乳牙会阻碍恒齿的正常生长。

2. 训练宠物定期刷牙

先用手指轻轻地在宠物牙龈部位来回摩擦，最初只摩擦外侧的部分，等到它习惯这种动作时，再打开它的嘴，摩擦内侧的牙齿和牙龈。当宠物习惯了手指的摩擦，即可在手指上缠上纱布，摩擦牙齿和牙龈。

3. 用牙刷刷牙

牙刷成 45°，在牙龈和牙齿交汇处用画小圈的方式，一次刷几颗牙，最后以垂直方式刷净牙齿和牙齿间隙里的牙斑，接着，继续刷口腔内侧的牙齿和牙龈。

4. 用超声波洁牙机清洁牙齿

首先将宠物全身麻醉，待完全麻醉后，将其平放在美容桌上，向眼睛内滴入眼药水。然后，将宠物脖颈处垫高，用两根绷带分别绑住宠物的上、下颌，并拉动绷带使嘴巴完全张开，牙齿暴露在外。一手拿起洁牙机柄，将洁牙头对准牙齿，另一手用棉签将口吻部翻开，使牙齿露出进行清理。清理完一侧再清理另一侧，双侧清理结束后，还要检查牙齿内侧是否有结石，如果有，则一同清理干净。最后，在清理过的牙齿和牙龈处涂上少量碘甘油。宠物洗牙后应连服 3～4 天消炎药，并连续吃 3 天流食。

（四）眼睛、耳朵、牙齿护理的注意事项

（1）用棉球擦拭眼睛时要注意由眼内角向外擦拭，不可在眼睛上来回擦拭，棉球可进行更换。

（2）给宠物洗澡前先点眼药水，以防毛发、水进入眼睛。洗澡后再点眼药水，以防洗澡过程中眼睛受到伤害。

（3）长期使用含有皮质类固醇成分的眼药水或眼药膏会导致眼底萎缩，甚至失明。

（4）拔耳毛前必须使用耳粉，拔耳毛一次不要拔太多，而且动作要轻柔。在清理耳道时，将脱脂棉在止血钳上缠紧，千万不能使用棉签，以免棉签断在耳道内不易取出。

清洗耳道

（5）宠物的牙齿每年至少应接受 1 次兽医检查，而且宠物应每周检查 1 次，看是否有发炎的症状。每周应刷牙 3 次以上，方能有效保持宠物的口腔和牙齿卫生。刷牙要用宠物专用牙刷，宠物专用牙刷由合成的软毛刷制成，刷面呈波浪形，能有效清洁牙齿的各个部位。

三、足部、肛周和腹底毛的清理

宠物犬、猫的脚掌上会长毛，如果不修剪的话，走在地板上或上下楼梯时容易滑倒，而且脚掌间的毛在散步的时候容易被弄脏或弄湿，成为臭气和皮肤病、寄生虫的来源。因此，定期修剪脚底毛，保持脚掌与地面紧密贴合是很重要的。趾甲过长不修剪，可能导致趾甲内扣损伤足底肉垫。腹底毛在犬伏卧、排尿或哺乳时很容易弄脏，常常打结，既容易引起皮肤病，又影响美观，所以要清理干净。肛周毛过长容易沾染粪便等污物，导致被毛打结或肛门感染。因此，足部、肛周和腹底毛的清理不可忽略。

（一）足部的清理

1. 犬指（趾）甲的修剪

（1）保定犬。使犬身体保持稳定，左手轻轻抬起犬的脚掌，右手持趾甲钳（左手持工具，则方向相反），握住脚掌，用拇指和食指将脚掌展开，并捏牢脚趾的根部，这样剪趾甲时的振动就不会太强烈。刀片与犬脚掌面要保持平行。

（2）用三刀法剪趾甲。用趾甲钳从脚趾的前端垂直剪下第一刀，从趾甲背面切口斜 45° 剪下第二刀，从趾甲腹面切口斜 45° 剪下第三刀（图 6-2）。

（3）用趾甲锉将剪过的断端磨光。用食指和拇指抓紧脚趾的根部，以减小振动，让锉刀的侧面沿着抓住脚垫的食指方向运动，把各个棱角磨光滑。

2. 猫趾甲的修剪

猫趾甲的修剪与犬相似。首先把猫放到膝盖上，从后面抱住，轻轻挤压趾甲根后面的皮肤，趾甲便会伸出来，用小号趾甲钳把前面尖的部分剪掉 1 ～ 2 mm，剪后用趾甲锉磨光滑（图 6-3）。

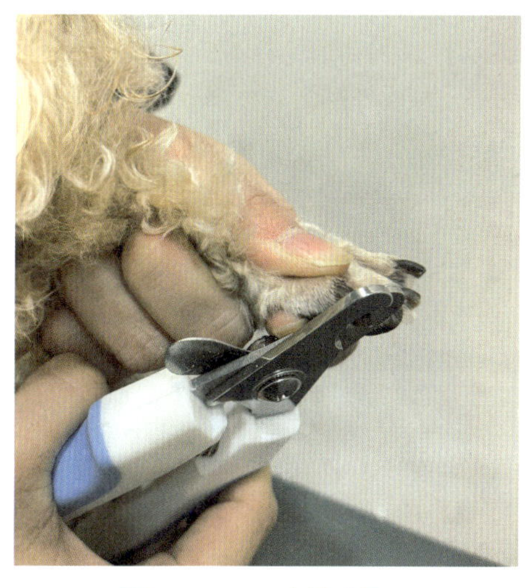

图 6-2　三刀法剪趾甲

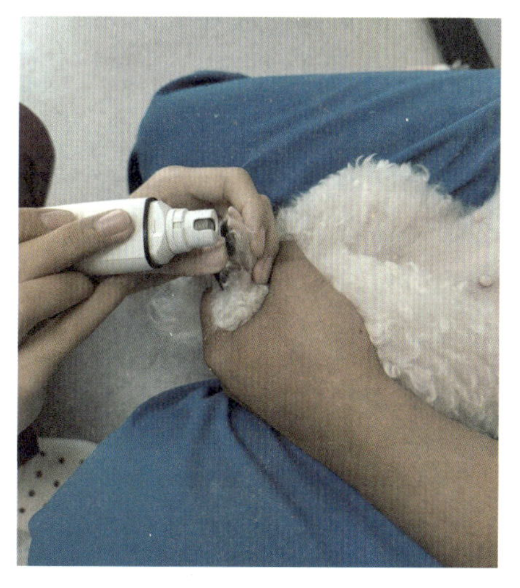

图 6-3　打磨趾甲

犬、猫指（趾）甲护理目的：

（1）犬趾甲过长会成放射状向脚的内部生长，甚至会刺进肉垫里，给犬的行动带来很多不便。

（2）犬的趾甲过长容易损坏家中物品。

（3）犬的趾甲过长会劈裂，易造成局部感染。

（4）犬的拇指（狼趾）过长妨碍犬行走，容易刺伤犬。

（5）猫的趾甲过长容易破坏家具，抓伤人，而且趾甲过长会劈裂，易造成局部感染。

3. 犬脚底毛的修剪清洁

（1）先把足部的毛都梳开梳顺。

（2）用直剪修剪正面和侧面的毛，剪刀与犬的脚趾形成45°，按照趾甲的弧度从前面平剪一刀，将大致的形状剪开来，然后再往两旁慢慢修圆，将脚掌上方的大致边线修整齐。

（3）修脚掌后面的毛时，将犬的脚抬起，同样把毛向下梳理开，剪刀贴平脚掌，剪去后脚掌多余的毛，脚后面的毛可修剪成往上斜的形状。

（4）沿着脚掌周围，慢慢将一圈毛都修圆。

（5）脚掌内各个脚垫之间的短毛适合用刀刃较短的短毛剪刀修剪，也可以使用电剪修剪，如果使用电剪，通常用30号刀头来修剪。方法是先将脚掌向上翻转，然后将足垫缝内的毛全部修剪干净，使犬的脚垫充分暴露出来即可（图6-4）。

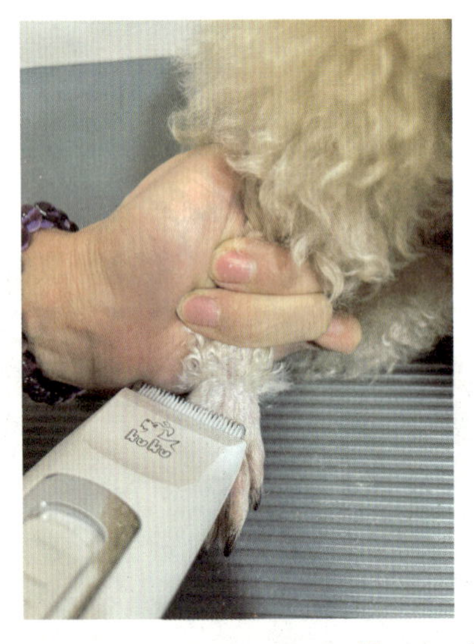

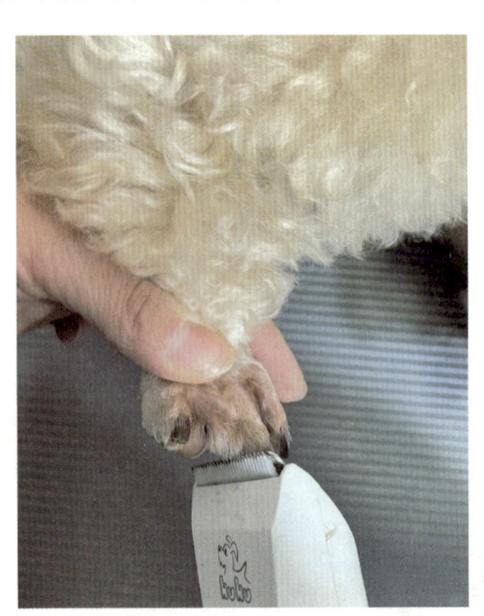

图6-4　犬脚底毛的修剪

修剪脚底毛的目的：

（1）脚底毛过长走在地板上容易滑倒。

（2）脚底毛过长上下楼梯时受伤的可能性会增加。

（3）脚底毛过长散步时易被弄脏或弄湿，成为臭气和皮肤病的来源，并可能诱发寄生虫感染。

（二）肛周、腹底毛的修剪

1. 犬肛周毛的修剪

博美犬等长毛型犬种，肛门周围的毛非常浓密，为防止粪便沾染到上面，最好将其剪短。在剪毛过程中，把尾巴撩起来，并将犬的身体固定住，用小剪刀将肛门周围的毛剪掉，以肛门为中心，2 ～ 3 cm 为半径剪成一个圆形（图 6-5）。

修剪肛周毛的目的：

宠物的肛门周围毛发容易沾染排泄物影响美观，如果置之不理，就会引发细菌的繁殖，从而引发病症。

2. 犬腹底毛的修剪

左手握住犬的两前肢，向上抬，使犬站立起来。如果是大型犬，可以使之卧在美容桌上。将犬的腹底毛梳顺、梳开。腹底毛的修剪，根据犬的性别不同而有所差异（图 6-6）。

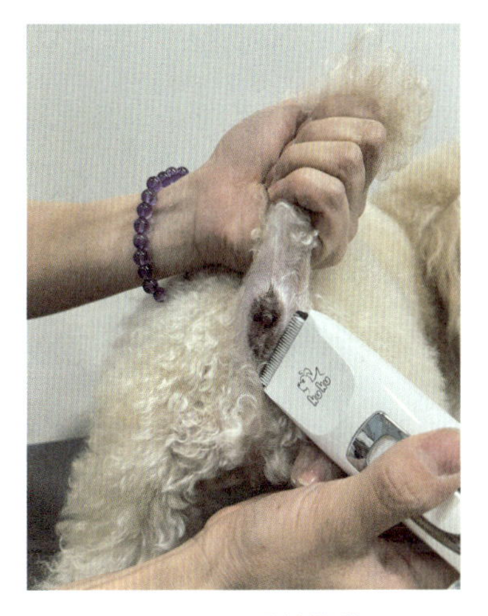

图 6-5　肛周的修剪

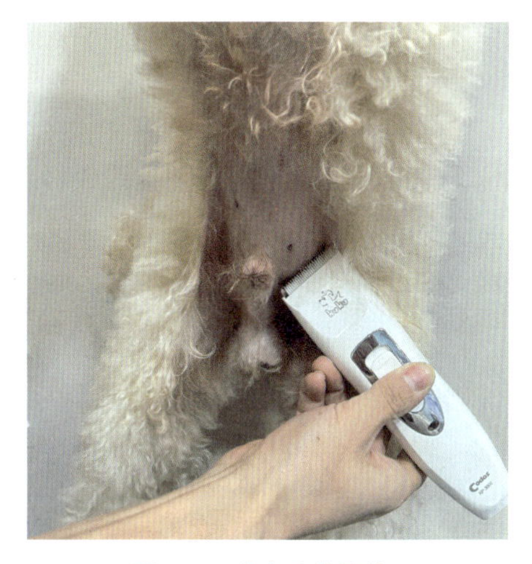

图 6-6　腹底毛的修剪

公犬：先将一只后腿抬高到身体高度，操作人员头低下，与犬的腹部平行，然后开始剃犬生殖器两侧的毛；再将犬的两前肢往上提，让犬后肢站立，用电剪从犬的后腿根部向上剃至倒数第 2 对和第 3 对乳头之间，形成倒“V”形。

母犬：先将犬的一侧后腿抬起，顺着胯下部位角度推毛；再将犬的两前肢往上提，让犬后肢站立，用电剪从犬的后腿根部向上剃至倒数第 3 对乳头，形成倒“U”形。

（三）剃腹底毛

（1）腹底毛在宠物伏卧、排尿或哺乳时很容易弄脏，打结，既容易引起皮肤病，又影响美观。

（2）在宠物展中，腹底毛过多不方便审查员检查宠物的生殖器，从而确认宠物的性别和判断健康状况。剃腹底毛如图 6-7 所示。

（四）修剪的注意事项

1. 指（趾）甲修剪的注意事项

（1）最好在洗澡后、趾甲浸软的情况下修剪趾甲，尤其是厚趾甲的大型宠物。

（2）修剪时不能剪得太多太深，不要剪到有神经和血管分布的知觉部。

（3）趾甲色素浓的看不到血管时，必须一点一点地向后剪。

（4）如果当宠物的趾甲剪出血时，要紧紧握住趾甲的根部止血，并及时消毒。

（5）宠物的趾甲钳必须是宠物专用的，不能是人用的。要培养幼年宠物适应定期剪趾甲的习惯，最好在幼年宠物出生后 2 ～ 3 周内请兽医修剪。一般情况下，每月修剪 1 ～ 2 次即可。若需抛光或亮甲时，可在趾甲和脚垫上涂上婴儿油。

图 6-7　剃腹底毛

2. 脚底毛修剪的注意事项

（1）让宠物自然站立，仔细观察脚部的毛是否修剪整齐，修剪后的毛与地面应成 45°，这样，既显得可爱又不容易沾上脏东西。

（2）不要剪得太短，以免妨碍腿部美观。

（3）修剪脚底毛的同时，还应检查脚垫、脚掌内侧是否有伤。

3. 腹底毛修剪的注意事项

（1）由于腹部皮肤薄嫩，两侧有皮肤褶，因此，要用电剪小心谨慎地向上、向外剃干净，千万不要剃伤皮肤和乳头。

（2）如果让宠物躺下来，注意不要把其身体侧面剃得太多。

（3）剃毛要尽量快速准确。

四、洗澡

给宠物洗澡可以刺激皮肤、去除过剩的油脂、污垢和细菌。同时，可以保持宠物的美观和清洁，有利于宠物的健康。

（一）犬的洗澡

1. 调试水温

夏季水温一般控制在 32 ～ 36 ℃；冬季水温一般控制在 35 ～ 42 ℃。可用手腕内测试水温。

2. 淋湿（打湿）被毛

（1）堵住耳朵。用棉花棒或棉条（不要用棉花球，否则容易将棉球甩掉）垂直塞住犬的丁字形的耳道，将其抱入浴缸，固定犬使其侧立，头朝向美容师的左侧，尾朝向右侧。

（2）淋湿身体。右手拿淋浴器头，左手固定犬，将犬全身淋湿。淋湿的顺序：先淋背部、臀部、后肢、胸部、腹部，然后是前肢、下颌，最后是头部。

（3）打湿头部。将淋浴器头放在犬头上方，水流朝下，由额头向颈部方向冲洗；耳朵要下垂式冲洗，先由额头上方向耳尖处冲洗，再翻转耳内侧，用手轻轻将耳内侧的毛发打湿；眼角周围及嘴巴周围的毛发也要用双手将其慢慢地打湿。

（4）清洁肛门腺。提起犬的尾巴，用拇指放在肛门腺的左下方，食指放在肛门腺的右下方，拇指和食指分别为时钟 8 点和 4 点的位置，向上向外挤压，即可挤出分泌物（图 6-8）。

3. 涂抹浴液

（1）用手或海绵块将全身被毛涂抹稀释过的浴液，要涂遍全身每个部位。

（2）涂抹的顺序：先从尾部开始，然后是腿和爪子，再按照背部—身体两侧—前腿—前爪—肩部—前胸的顺序涂抹，最后才是头部。在涂抹头部时要将浴液先挤到头顶部和下颌部，再用手涂抹到眼睛和嘴巴周围。

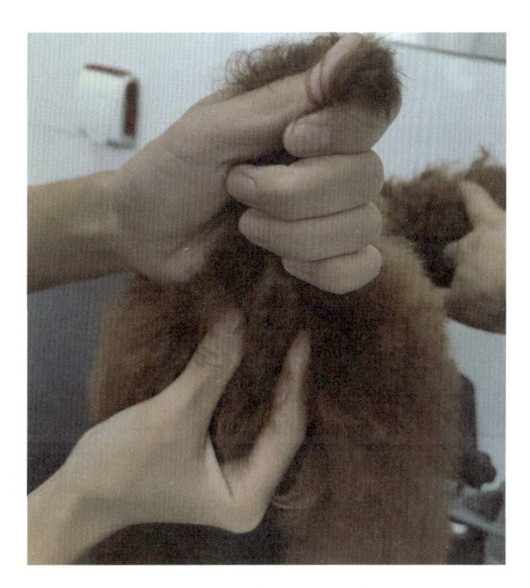

图 6-8　挤压肛门腺

（3）浴液涂抹好后，用双手进行全身的揉搓按摩，使浴液充分地吸收并产生丰富的泡沫。用双手轻轻地抓拍背部、四肢、尾巴及头部的被毛，此时可进行逆毛抓洗；肛门周围进行环绕清洗及按摩；眼睛、嘴巴周围及四肢要认真揉搓。

（4）冲洗的操作方法与淋湿被毛的方法相同，但顺序不同，要从头部开始从前向后、从上向下冲洗。用左手或右手从下颌部向上将两耳遮住，用清水轻轻地从犬头顶往下冲洗。然后从前向后将躯体各部分用清水冲洗干净，冲洗的次数在 2 ～ 4 次为宜。

（5）擦干。用吸水毛巾将头及身体包裹住，把水吸干。将犬抱出浴缸放到美容桌上，用吸水毛巾反复搓擦犬的身体，直到将体表的水分完全擦干。需修剪造型的犬不滴水即可。

（6）吹干。先用吹水机吹掉被毛表面的水，然后一手拿吹风机（或固定吹风机），另一手拿针梳，由背部开始，边梳理被毛边吹干。吹风的温度要以不烫手为宜，风速可以稍微大一些。

1）吹干尾部。由助手拎起尾巴，美容师左手拿针梳、右手拿吹风机，沿尾尖向尾根部边梳边吹，此时应逆毛进行，直到把尾部吹干为止。

2）吹干四肢及腹部。四肢可以边逆毛梳理边吹风；吹腹部时提起犬的一条腿使吹风机稍微接近身体内侧，或让助手将犬体抱起，使其直立站起，方便吹干，腹部不能用针梳梳理，要用手边抚摸被毛边吹。

3）吹干头部及前胸。头部吹干时，可遮住犬的眼睛和耳道，避免风进入引起犬的反感；边吹边用针梳顺着毛流的方向梳理，将被毛拉直梳顺。要小心操作避免针梳扎到眼睛、鼻镜等敏感部位。

4）完全吹干后，再将犬全身被毛用针梳梳理一遍。

（二）猫的洗澡

1. 洗澡前准备工作

先将猫的毛发梳顺，把打结的地方梳开，再用脱脂棉将猫的两只耳朵塞紧。

2. 调节水温

水温 37 ～ 38 ℃为宜。

3. 淋湿

先从猫的足部开始，让猫适应水的温度。然后从颈背部开始，依次将全身冲湿，最后淋湿头部。

4. 涂抹浴液

按照颈部——身躯——尾巴——头部的顺序，将适量的浴液涂抹在猫的身上，轻轻揉搓，注意不要忽略屁股和爪子的清洗。

5. 冲洗

按照颈部——胸部——尾部——头部的顺序将猫全身的泡沫冲洗干净。

6. 擦干与吹干

先用吸水毛巾将猫包起来擦干，再用吹风机将全身被毛吹干，切记吹风机的温度不可过高。如果猫过于敏感，可放在猫笼中吹干。

7. 梳理

吹干后，再次梳理猫的皮毛。

吹风

（三）干洗与擦洗

1. 犬的干洗方法与擦洗方法

犬的洗澡方式可分为干洗和水洗两种。一般给犬洗澡采用水洗的方法，只对 3 个月以下的幼犬，或因特殊情况不能水洗的犬采用干洗的方法。

幼犬由于抵抗力较弱，易因洗澡受凉而发生呼吸道感染、感冒和肺炎。因此 3 个月以内的幼犬不宜水洗，干洗为宜，每天或隔天喷洒稀释 100 倍以上的护发素和干洗粉，频繁梳刷，即可代替水洗。此外，也可以用温热潮湿的毛巾擦拭幼犬被毛和四肢，以达到清洁体表的目的。擦拭后应马上用干毛巾再擦拭一遍，然后再轻轻地撒上一层爽身粉，最后用梳子轻轻梳理被毛 10 ～ 20 分钟。

2. 猫的干洗方法与擦洗方法

如果猫特别抗拒用水洗澡的话，可用猫专用的干洗剂。干洗一般只适用于不太脏的短毛猫。将猫全身喷洒上干洗剂后，轻轻按摩揉搓，再用毛刷梳理被毛即可。

猫的擦洗方法适用于短毛品种。将两手沾湿从猫的头部逆毛抚摸 2 ～ 3 次，然后顺毛按摩头部、背部、胸腹部，擦遍全身，将被毛上附着的污垢和脱落的被毛清除掉。此时也可使用少量免洗香波在猫的被毛上涂抹揉搓。用毛巾将猫身上的水分快速擦干，再用吹风机吹干。用干净的毛刷轻轻梳理猫的被毛，腹部和脚爪也要认真梳理。

（四）洗澡的注意事项

（1）洗澡前一定要先梳理被毛，防止被毛缠结更加严重。尤其是口周围、耳后、腋下、股内侧、趾尖等处。梳理时，为了减少和避免犬、猫的疼痛感，可一手握住毛根部，另一只手梳理。

（2）洗澡水的温度不宜过高或过低，每次打开水时都要试完水温再冲到犬、猫的身上。淋湿时使被毛全部湿透。在浴缸底部铺上一层防滑垫，以免犬、猫滑倒。淋湿时使全部被毛湿透，才能彻底洗干净。

（3）洗澡时一定要防止将浴液和水流到眼睛或耳朵里。冲水时要彻底，不要使浴液或护发素滞留在犬、猫身上，以防刺激皮肤而引起皮肤炎。一旦眼睛里不慎沾上浴液或护发素，应立即用清水或洗眼液冲洗，或滴入氯霉素眼药水。

（4）用犬、猫专用洗浴产品，而不能使用人用浴液代替。用吹风机吹被毛时，风力及热度不要过高，以免烫伤皮肤。

（5）洗澡次数不能太多，犬 1 ～ 2 周洗一次。猫健康状态不佳时不宜洗澡，6 月龄以内的小猫容易得病，一般不要洗澡，6 月龄以上的猫洗澡次数也不宜太多，一般以每月 1 ～ 2 次为宜。过于频繁会降低犬、猫的皮肤抵抗力，引发皮肤病。

（6）没打疫苗的犬、猫抵抗力很低，洗澡很容易引起腹泻以至造成更严重的问题，建议打过两针疫苗后的两周后再洗澡。

（7）在给猫洗澡时，为防止被猫抓伤，美容师可佩戴清洁手套。洗澡时关上浴室门，将猫控制在浴缸、大水桶或墙角处洗澡，避免猫在恐惧时逃窜。

（8）如果猫拒绝配合洗澡，可使用猫洗澡专用笼进行保定。尤其是在为猫进行药浴时，使用猫洗澡专用笼会更方便。为猫洗澡动作要轻柔、快捷，整个洗澡过程最好不要超过 20 分钟。

学习小结

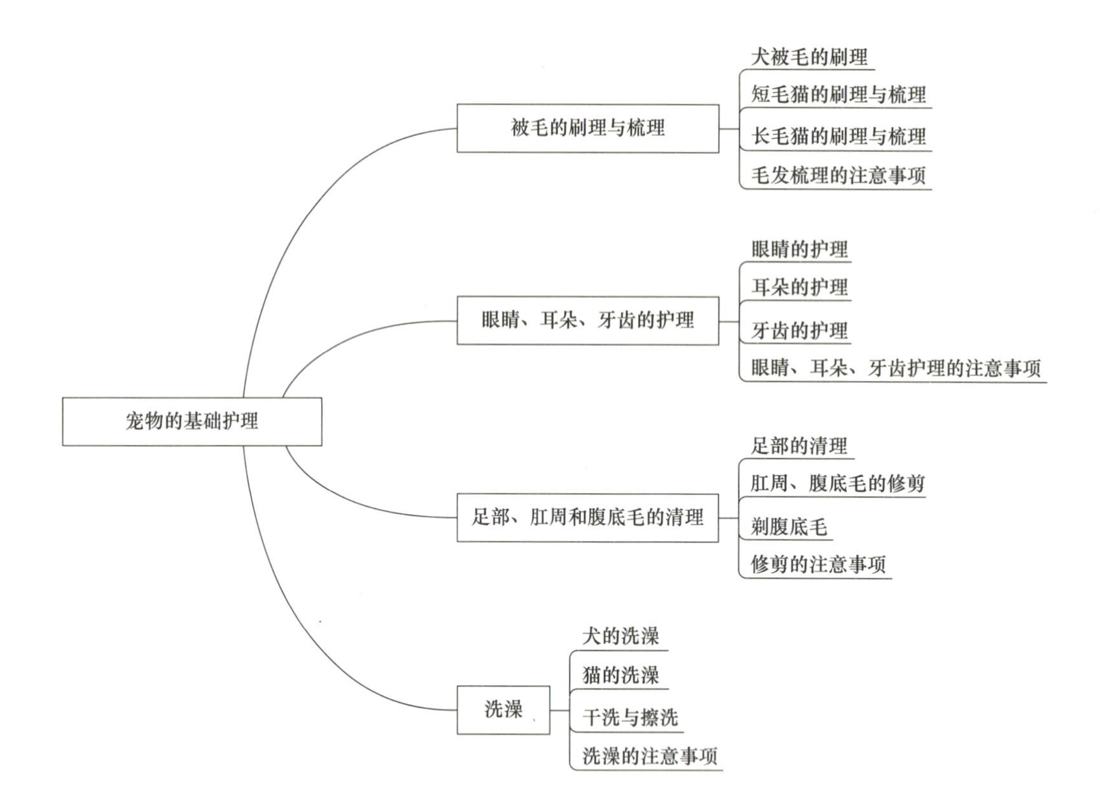

思考题

1. 简述耳朵的护理步骤。
2. 眼睛如何护理？
3. 牙齿如何护理？
4. 简述宠物犬的眼睛、耳朵、牙齿护理的注意事项。
5. 简述宠物犬、猫趾甲修剪的注意事项。
6. 简述宠物犬脚底毛修剪的注意事项。
7. 简述宠物犬腹底毛修剪的注意事项。
8. 简述犬、猫的刷理与梳理的注意事项。
9. 简述宠物犬、猫洗澡的注意事项。

第七章 宠物犬的美容造型修剪

知识目标

1. 掌握贵宾犬运动装的美容造型修剪方法。
2. 掌握迷你雪纳瑞犬的美容造型修剪方法。
3. 掌握博美犬的美容造型修剪方法。
4. 掌握西施犬的美容造型修剪方法。
5. 掌握约克夏㹴犬的美容造型的修剪方法。
6. 掌握可卡犬的美容造型修剪方法。

能力目标

1. 能够正确进行贵宾犬美容造型修剪。
2. 能够正确进行迷你雪纳瑞犬美容造型修剪。
3. 能够正确进行博美犬美容造型修剪。
4. 能够正确进行西施犬美容造型修剪。
5. 能够正确进行约克夏㹴犬美容造型修剪。
6. 能够正确进行可卡犬美容造型修剪。

素质目标

1. 加强审美能力，学会宠物犬造型欣赏。
2. 树立正确的自我防护观念。

心形背毛修剪 1

心形背毛修剪 2

最初为宠物犬修剪毛发是为了有助于犬的工作，后来在贵族圈风靡。进入 20 世纪以后，宠物美容才逐渐进入普通百姓家庭，从最初的剪指（趾）甲、拔耳毛、洗澡，到创意造型修剪、个性装扮，再到 SPA 美容保健。最初宠物犬修剪的造型比较简单，逐渐的宠物犬品种不断增多，宠物犬修剪的造型也日益丰富多彩。

单元一 贵宾犬的美容造型修剪

贵宾犬的修剪从14世纪末、15世纪初就已经开始，当时为了满足工作需要，形成了独特的英国马鞍装和欧洲大陆装。迄今为止，已演变出很多种样式。

案例导入

一只2岁雄性贵宾犬，主人带领来到宠物店要求美容师给其做美容造型。美容师根据其体型外貌进行构思设计，推荐标准装和萌系装中的小圆头米奇耳等。最后主人选择萌系装。

一、贵宾犬运动装的美容造型修剪

（一）修剪前准备工作

刷理、梳理被毛并开结；护理眼睛及耳朵；洗澡；边吹干、边梳理、边拉直毛发；护理足部、脚底和腹底。

（二）贵宾犬运动装的造型修剪

贵宾犬运动装的造型修剪如图7-1所示。

1. 电剪操作

（1）修剪脚部（15号刀头）。将电剪沿脚尖方向逆毛修剪，从趾甲开始剪去顶部及两侧的毛，修剪至脚趾第二关节处为止，不要高于第二关节相接处，不能露出踝关节。用手分开脚趾，修剪脚趾之间的毛发，注意不要划伤皮肤，如图7-2所示。

图7-1 贵宾犬运动装的造型修剪

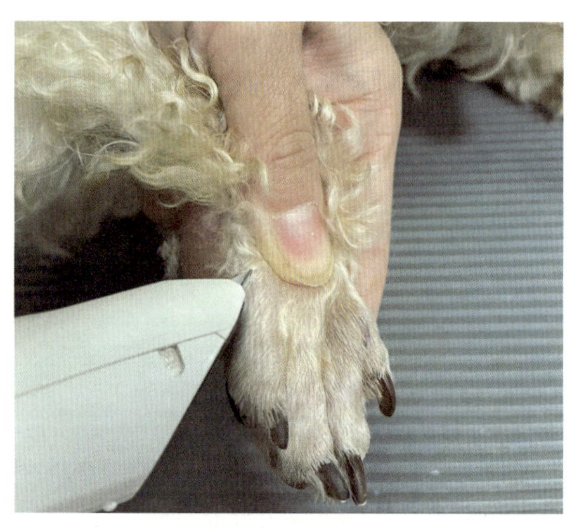
图7-2 修剪脚部

（2）修剪面部（图7-3）。

1）用15号刀头，首先在额段修剪一条平直线，从耳上附根开始到外眼角修剪一条直线，逆毛剃除面部所有的毛发，包括下颌部的毛发。

2）用手握住犬的吻部，用拇指绷紧眼角处的皮肤，小心剪去眼睛下面的毛发，但不要碰及眼睛上方的毛发，以免破坏完整的头饰。为避免剃伤下唇的嘴角，用拇指将那里的皱褶展平再进行修剪。

3）把犬的下颌部压紧，剃去从唇到鼻子处的残留毛发。

4）两侧脸都修剪完后，在两眼之间剃一个倒“V”形，以眼睛睁开为最高点。

5）由耳下腹根至喉结下方逆毛剃，修剪过的部位呈“V”形。

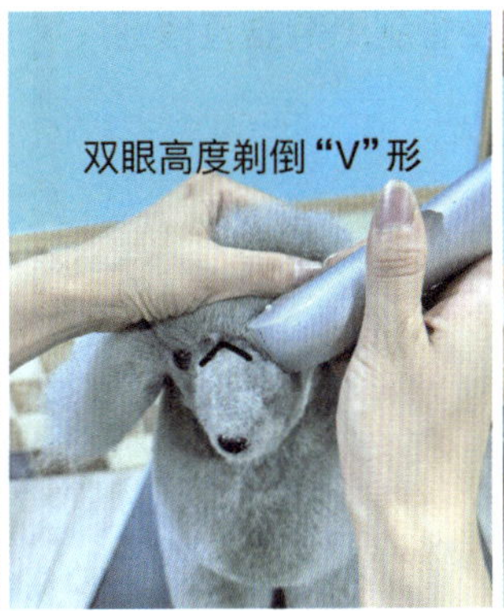

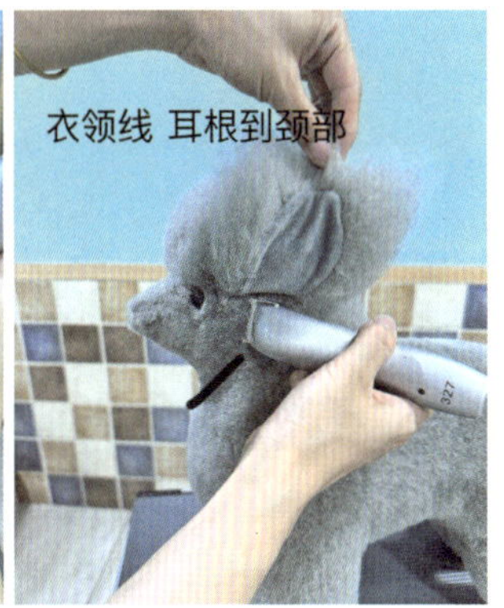

图 7-3　修剪面部

（3）修剪尾巴（15 号刀头）。把尾巴立起来与背部交接的点设为尾接点，从尾根处到接点逆毛修剪倒“V”形，将尾部约 1/3 毛发环形修剪干净。注意尾巴一圈的修剪界限要自然平滑，使形成的毛团看上去形状自然。用弯剪从毛团底部 30° 开始，完成圆形修剪。根据尾巴的长短，尾球最高点不能超过后头骨的高度。

2. 修剪步骤

（1）修剪足圆（图 7-4）。用直排梳将腿部和脚部的毛全部向下梳顺，手握住肘部，向下捋至桌面，握紧并向后抬起，修剪掉超过大脚垫以外的毛。

（2）修剪背线（图 7-5）。直剪与背部水平，从尾接点部到背部修剪到背线 2/3 处。

（3）修剪股线（图 7-6）。以尾根为中心，由尾接点到坐骨端修剪 30° 斜直面。

图 7-4　修剪足圆

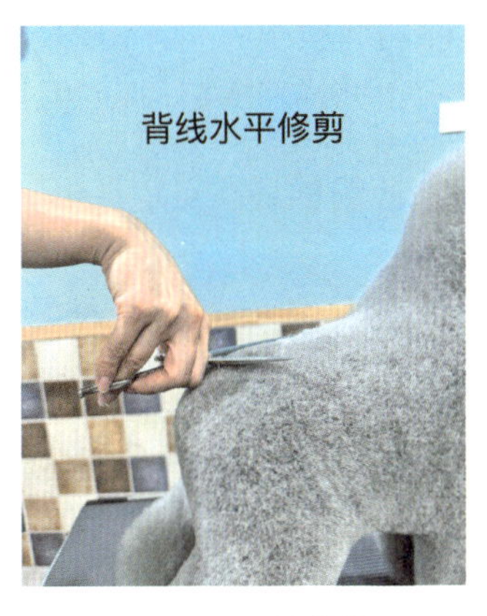

图 7-5　修剪背线

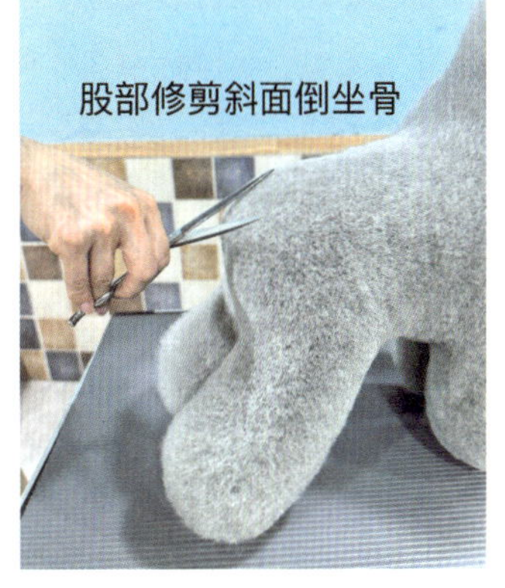

图 7-6　修剪股线

（4）修剪后肢（图 7–7）。沿着背线和股线向下修剪后肢的被毛，将两腿间的杂毛修剪整齐。后腿应保持适当的弯曲度，依照身体的自然曲线，膝关节要修出棱角，后脚飞节处，修出 45° 转折。由坐骨端修剪垂直或斜直到后膝关节，由飞节上两指修剪垂直面连接 45° 脚圆，由后膝关节修剪斜直线外放至飞节上两指。腿部要修剪成平滑的曲线，以达到平衡的状态。

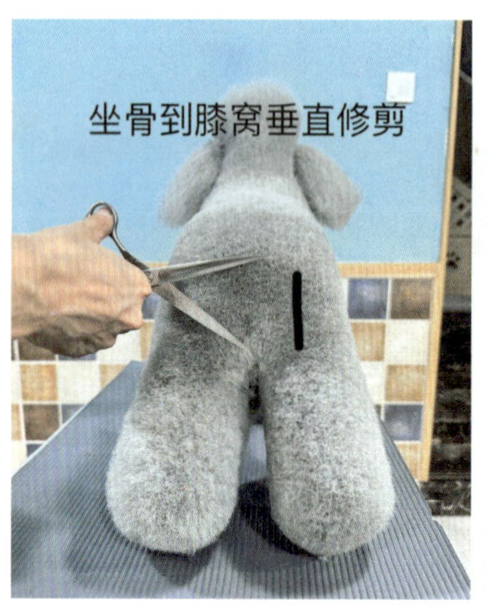

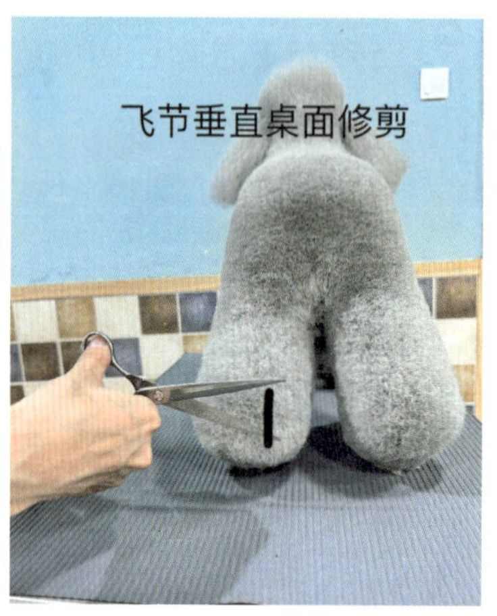

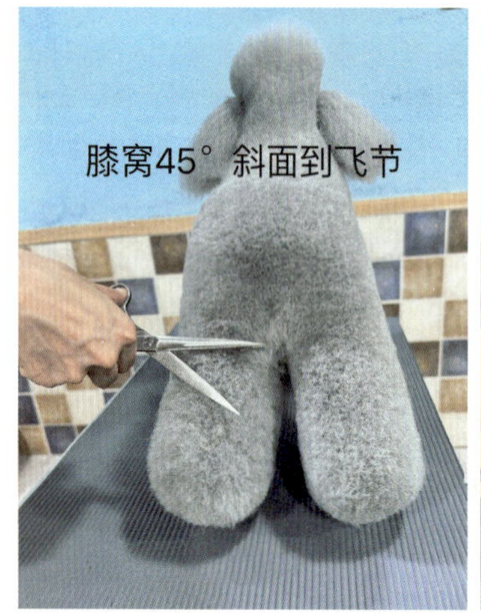

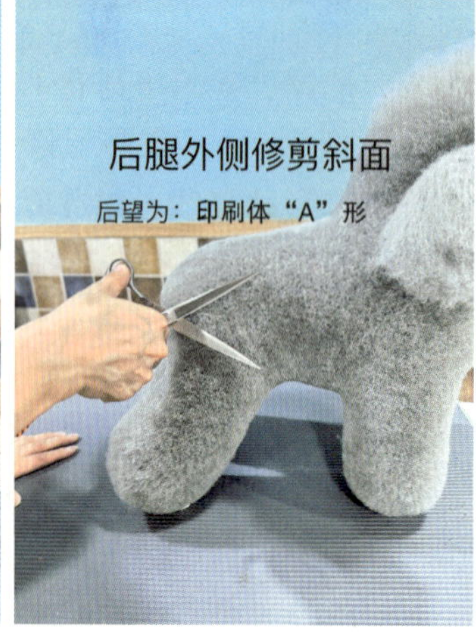

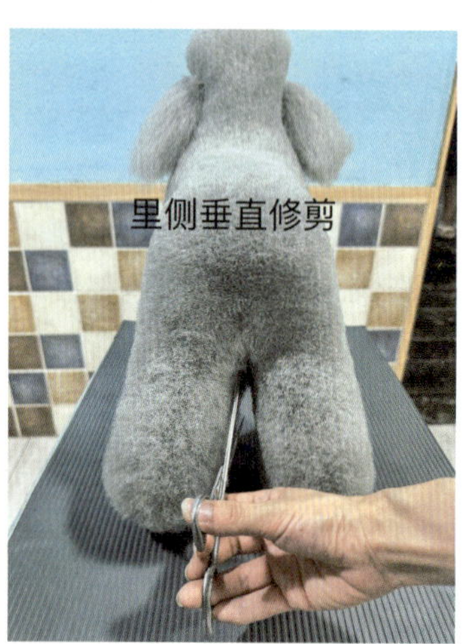

图 7–7　修剪后肢

（5）修剪腹线（图 7–8）。将腹线的最高点定在十三根肋骨后一指，修剪出向上的弯度，与后肢的毛自然过渡。

（6）修剪前肢（图 7–9）。前腿修剪成圆柱状，前肢里侧修剪垂直到脚圆收 30°，间距 1 指，前肢呈 “H” 形。注意，前腿内侧的毛发要修剪干净，与下腹的毛自然衔接。

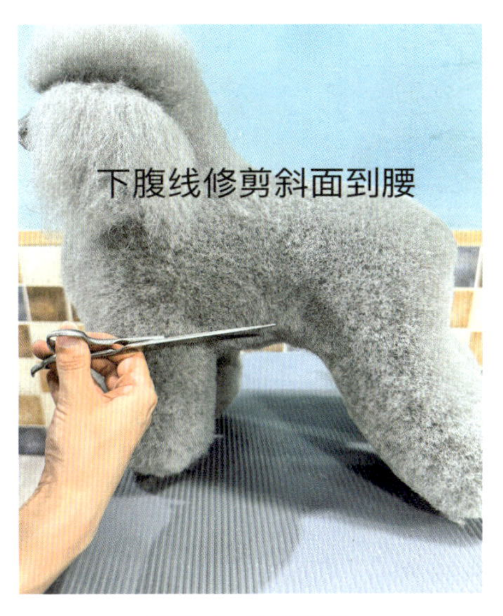

图 7-8　修剪腹线

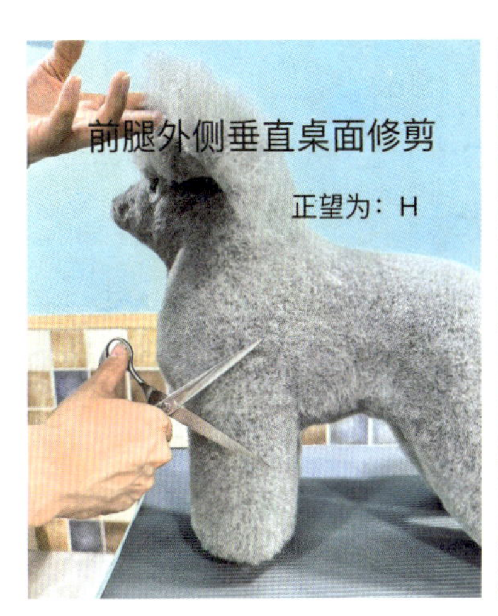

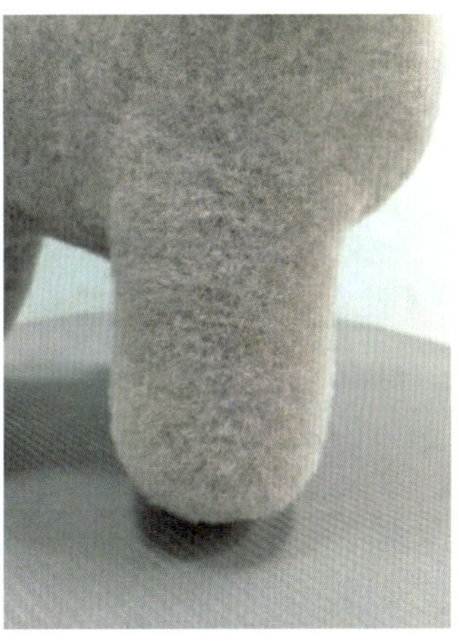

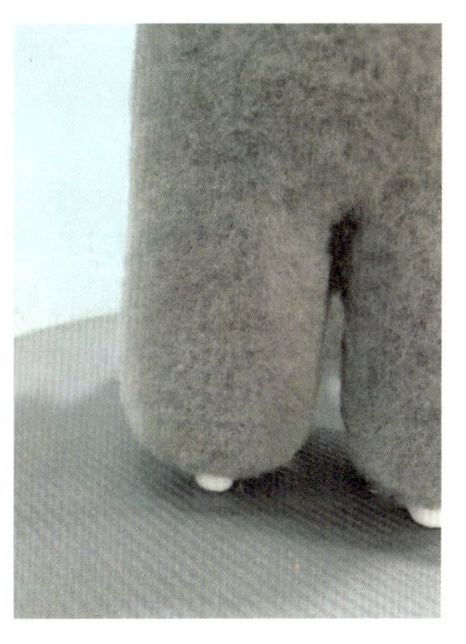

图 7-9　修剪前肢

（7）修剪前胸（图 7-10）。以胸骨最高点为中心呈放射状修剪，使前胸浑圆，显示出贵宾犬挺胸抬头的高贵气质。前胸毛不可留下太多，以免使身体过长。颈部的毛与前胸的毛自然衔接。耳朵边缘修饰美观。前胸先用剪刀剪平，然后再修圆，以前肢肘部为中心点，向颈部、前胸、前肢和肩部用剪刀打斜沿弧度作出衔接。

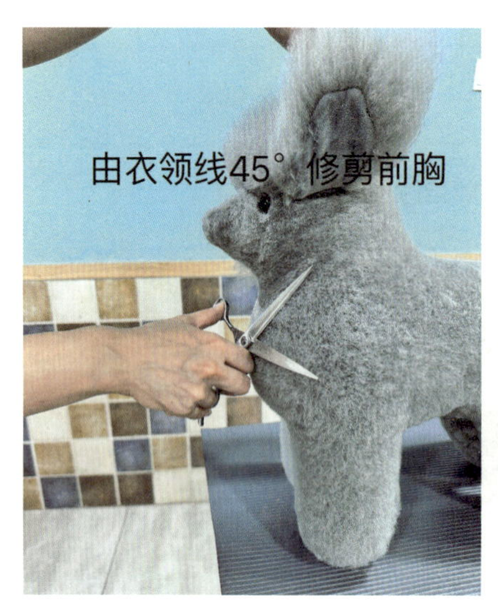

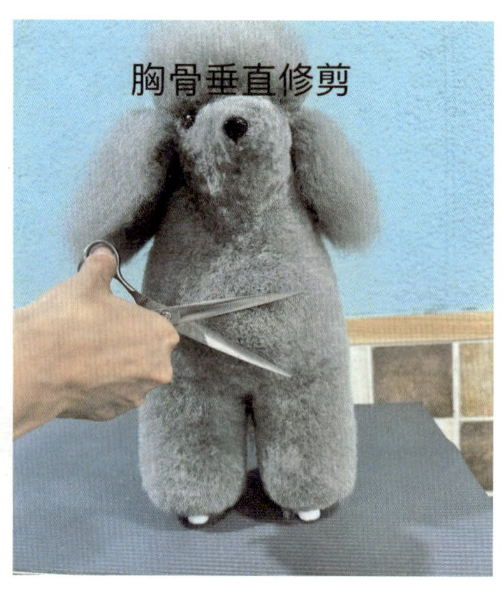

图 7-10　修剪前胸

（8）修剪头饰（图 7-11）。比赛犬的头饰须留长，不可剪短。宠物犬的头饰做圆形修剪，要丰满有立体感。用弯剪从左侧开始，另一只手握住犬的嘴巴以固定头部。剪去从眼角到耳朵修剪线以下所有多余的毛发。将剪刀平靠在犬头部的一侧，45° 向上修剪头饰的侧面，剪去突出颧骨的毛发。展开犬的耳廓部分，修剪耳孔周围所有的毛发。按照从头盖骨底部的自然弯度修剪头的后部。修剪两眼之间的头饰，须注意把剪子靠在犬鼻子上进行修剪，修剪部分不能低于眼线。同样方法修剪另一侧。修剪头饰顶部的毛发，在头饰中部留相对多的毛发，而两侧要窄一些。头饰的丰满取决于犬皮毛的质地及个人爱好。

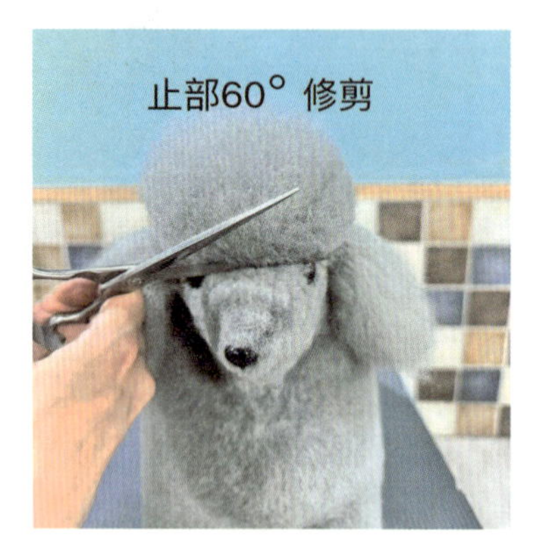

图 7-11　修剪头饰

（9）修剪颈部（图 7-12）。把耳朵抬起从前胸向颈部斜向上划弧。从耳根部由上往下向肩胛部划弧，使头、颈、身体接顺。

（10）修剪耳朵（图 7-13）。用排梳把耳朵上的毛梳起后用剪刀划弧和头顶部接顺，耳朵边缘修成圆弧形即可。

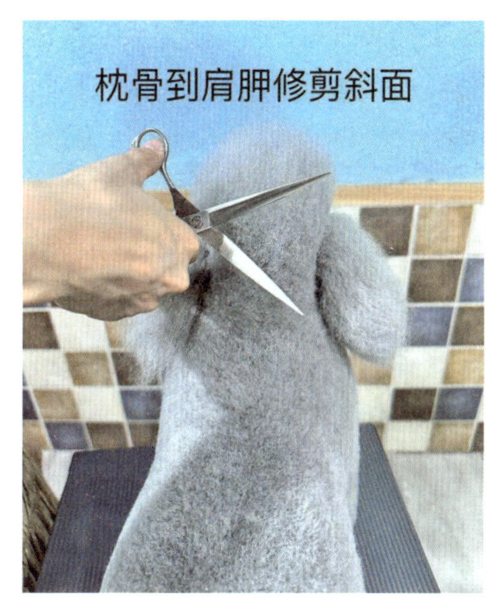

图 7-12　修剪颈部

图 7-13　修剪耳部

（三）注意事项

（1）脚部一旦被剃伤或犬皮肤过敏，立刻使用犬类止痒洗剂或喷雾剂，以减少皮肤的刺痛感。

（2）谨防刀头过热对脸部敏感皮肤造成损伤。

（3）注意防止舌头伸出碰伤。

考核标准

贵宾犬运动装的造型修剪考核标准见表 7-1。

表 7-1　贵宾犬运动装的造型修剪考核标准

序号	项目	考核知识点及要求	考核比例 /%
1	技能	运动装的修剪步骤	10
2		四肢的形状	20
3		四肢的对称性	20
4		躯干修剪比例	20
5		头部的造型	20
6		尾巴的修剪	10

二、贵宾犬泰迪装的美容造型修剪

泰迪装造型（图 7-14）是贵宾犬的一种造型设计，不同于其他贵宾犬美容造型设计的是此造型无须剃除共同部位，整体的修剪类似玩具泰迪熊，因此而得名。整体要突出其可爱的造型特点，尽可能依据其身体本身的特点，棱角不需要太分明，整体比较圆润可爱，造型甜美。

（一）修剪前准备工作

刷理、梳理被毛并开结；护理眼睛及耳朵；洗澡；边吹干、边梳理、边拉直毛发；护理足部、脚底和腹底。

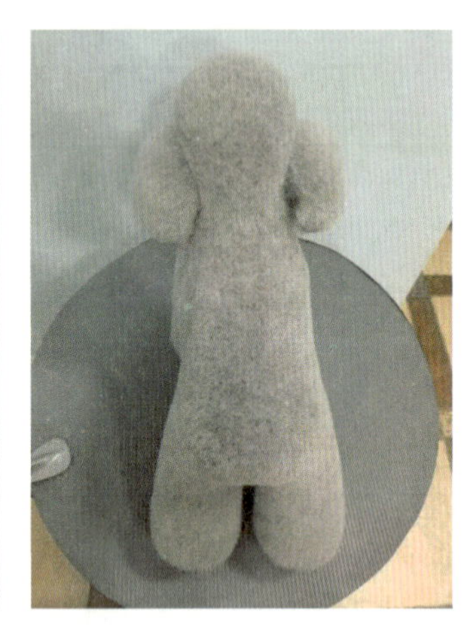

图 7-14 泰迪装

（二）修剪方法

（1）修剪足圆：用直排梳将腿部和脚部的毛全部向下梳顺，手握住肘部，向下捋至桌面，握紧并向后抬起，修剪掉超过大脚垫以外的毛（图 7-15）。

（2）修剪股线：30° ～ 45° ；后背 15° 平面；后躯臀部圆润，注意修剪完美的飞节角度，飞节以下后肢修剪成圆桶；侧身放射性圆桶（图 7-16）。

（3）修剪腹线：腹部最高点一般在最后一根肋骨后 3 指处。

（4）修剪前腿：前肢先用剪刀修剪成棒球棒形，然后再去棱角，将腿修圆柱（图 7-17）。

（5）修剪前胸：前胸先用剪刀剪平，然后再修圆，以前肢肘部为中心点，向颈部、前胸、前肢和肩部用剪刀打斜沿弧度作出衔接。

（6）修剪颈部：把耳朵抬起从前胸向颈部斜向上划弧。从耳根部由上往下向肩胛部划弧，使头、颈、身体接顺。

（7）修剪尾巴：将尾根部 1/3 剃掉，剩余的 2/3 先修方后改圆，修成一个小圆球即可。

（8）修剪耳朵：用排梳把耳朵上的毛梳起后用剪刀划弧和头顶部接顺，耳朵边缘修成圆弧形即可（图 7-18）。

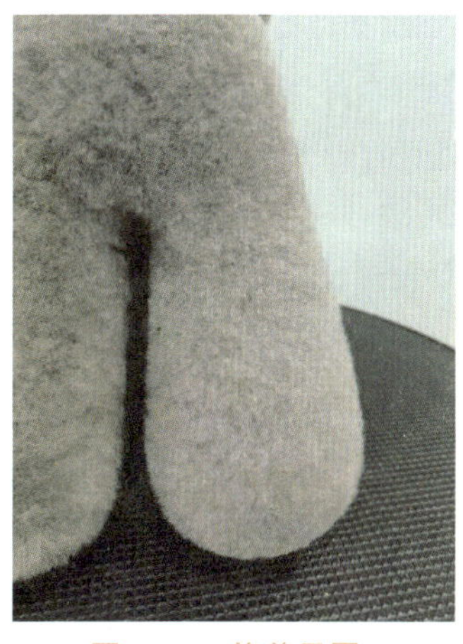

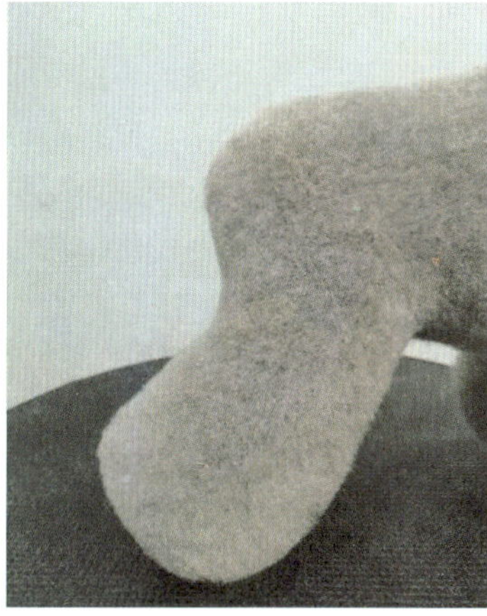

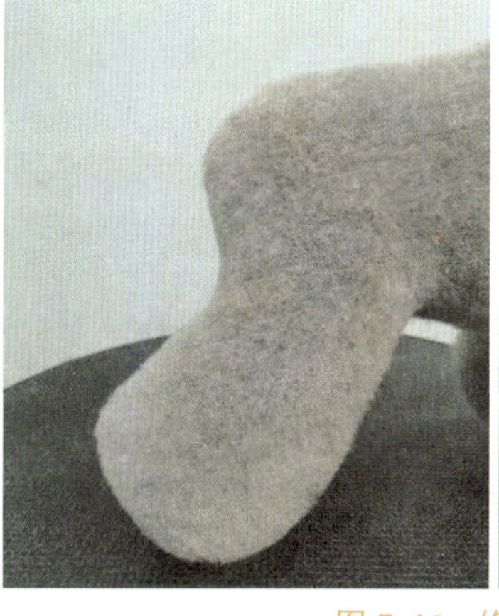

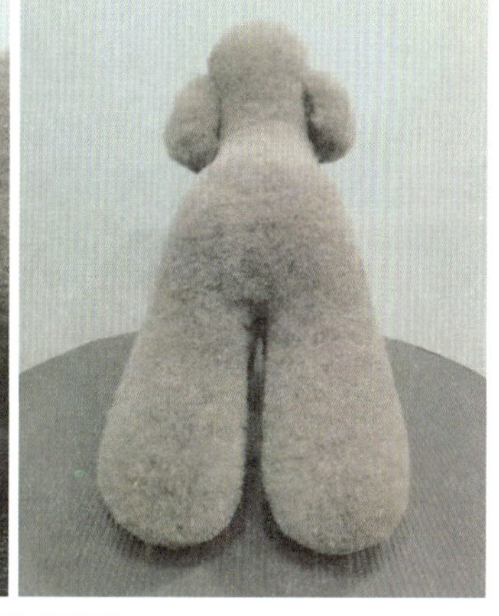

图 7-15　修剪足圆

图 7-16　修剪股线

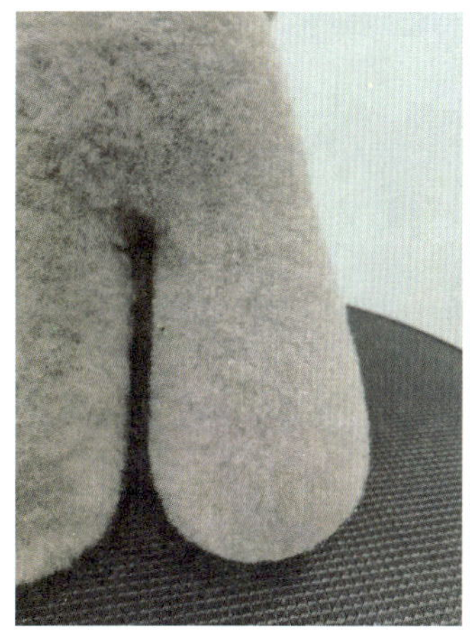

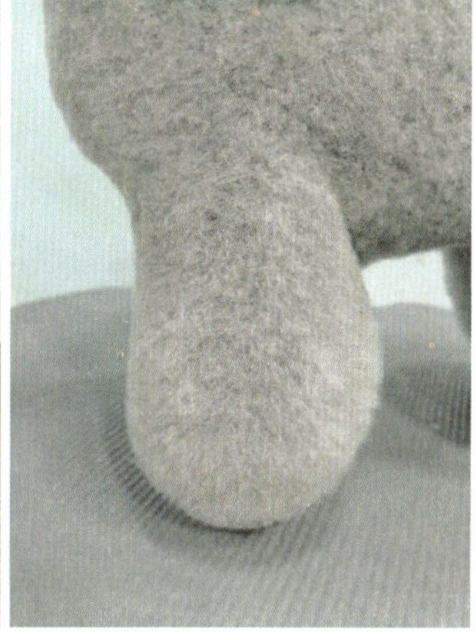

图 7-17　修剪前腿

图 7-18　修剪颈部、前胸及耳朵

（9）修剪头部。

1）圆头修剪。用排梳把头顶的毛向前梳，剪刀紧贴两眼和鼻梁之间并和鼻梁呈 45°角，露出眼睛。耳朵翻起把耳下长毛剪短，注意和头部接顺不要太短。用排梳把嘴巴上的毛挑起，修成近似圆形。把犬的头抬起，把下颌处毛剪短和嘴巴上的毛接顺（图 7-19）。

图 7-19　小圆头

2）“8”字头修剪（图 7-20）。

①分开上下 1/2，将额段处的毛发修剪干净。从左外眼角至右外眼角剪一字线，剪刀刃倾斜 45°。而后从外眼角向脸颊外侧平移超过眼尾 3 ～ 5 cm。

②分开前后 1/2，从外眼角向脸颊外侧修剪，分开口吻与脸颊。

③头上 1/2 的修剪，头顶修圆，将耳位提高至外眼角以上轮廓修剪清晰，与头顶衔接自然。

④头下 1/2 的修剪，超出鼻镜的毛发剪掉，将鼻梁上方修平。以头上 1/2 的宽度做参考，两侧垂直修剪。以鼻尖为面包嘴的中心，下巴修短，修剪唇线。

⑤“8”字的上下连接，将外眼角处圆弧连接上下（前侧、后侧）。口吻后脸颊处修短、修圆。

⑥耳朵外侧修圆润、上窄下宽的形态，边缘修清晰、修圆。

图 7-20　“8”字头

3）蘑菇头修剪（图 7-21）。

①额段：将两眼角之间的毛发修剪干净。

②修眼睛：贴住额段，刀刃向外倾斜 45° 修剪外眼角。

③分开头与口吻：从外眼角两侧垂直向下修剪，分开前后 1/2。

④蘑菇头上部修剪：首先是修轮廓，从头盖到耳根到耳廓再到耳朵。然后修脸、耳朵，修外眼角垂直向下的分界线，将脸外侧，耳朵外侧，耳朵后侧修圆。最后修面包嘴，同“8”字头相似，整体修圆润。

⑤面包嘴与蘑菇头的衔接圆弧过渡自然。

4）莫西干头（小贝头）。

①额段：将两眼角之间的毛发剪干净。

②眼睛：贴住额段，刀刃向外倾斜 45° 修剪成一字线。

③外眼角两侧：外眼角两侧到耳孔处剪飞毛。

④耳孔前侧：不需修剪的太薄，尽量不要剪出耳朵与脸颊分开的感觉。

⑤头顶：从头前侧到额段上方到头的后侧做山峰形、锥形的修剪。

⑥面包嘴：同“8”字头的相似。

⑦耳朵：顺毛梳，修飞毛。

图 7-21　蘑菇头

考核标准

贵宾犬泰迪装的造型修剪考核标准见表 7-2。

表 7-2　贵宾犬泰迪装的造型修剪考核标准

序号	项目	考核知识点及要求	考核比例 /%
1	技能	四肢的形状	20
2		四肢的对称性	20
3		“8”字头修剪	30
4		蘑菇头修剪	30

单元二　比熊犬的美容造型修剪

案例导入

一只 2 岁雄性比熊犬，主人带领来到宠物店要求美容师给其做美容造型。美容师根据其体型外貌进行构思设计，推荐标准装和贵宾装，最后主人选择标准装（图 7-22）。

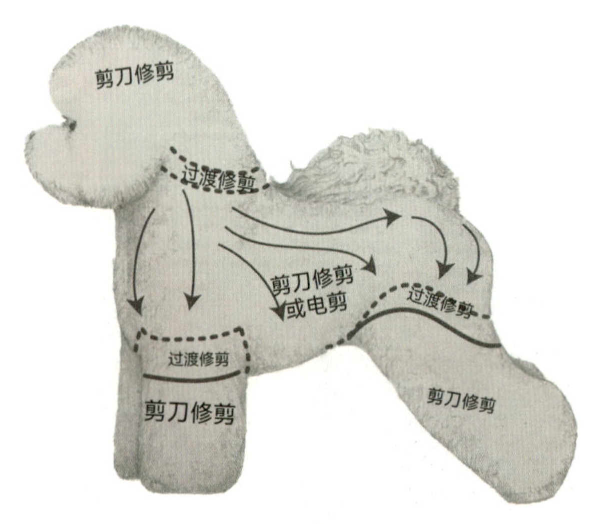

图 7-22　标准装

一、修剪前准备工作

刷理、梳理被毛并开结；护理眼睛及耳朵；洗澡；边吹干、边梳理、边拉直毛发；护理足部、脚底和腹底。

比熊造型修剪要点

二、修剪方法

（一）躯干修剪

（1）修剪背线：修剪背线到 2/3，剪平。

（2）修剪股线：由背线到坐骨端修剪 45° 斜面，再垂直修剪到腿窝最深处略微垂直收 45° 脚圆（图 7-23）。

（3）修剪前胸：由喉结修剪垂直或略微斜直到胸骨端，再剪弧线收至平刀到肘关节前端，再垂直修剪到脚圆收 15° （图 7-24）。

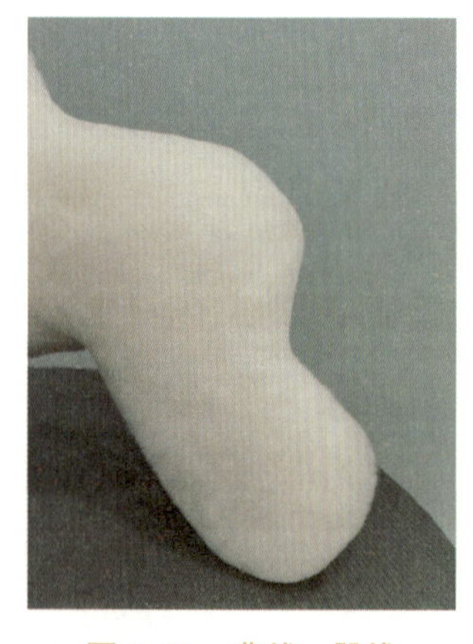

图 7-23　背线、股线

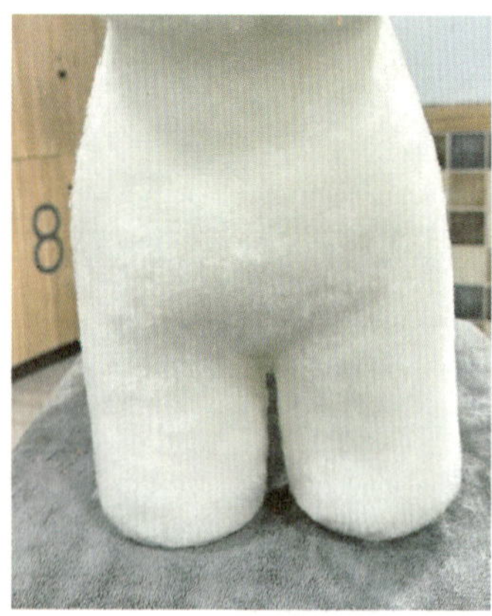

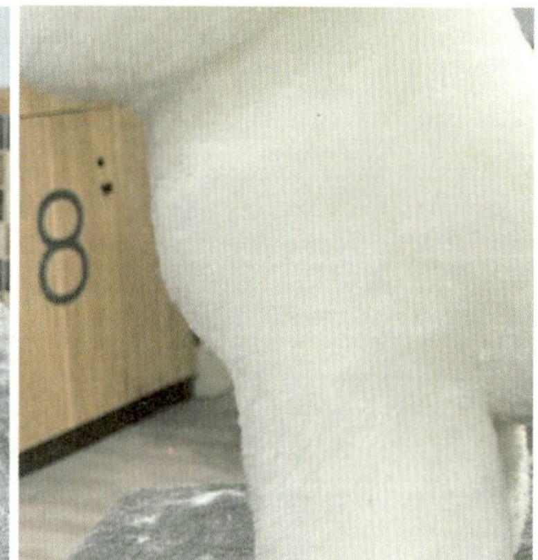

图 7-24　前胸

（4）修剪前腿：前肢先用剪刀修剪成“H”形，然后去棱角，将腿修成圆柱（图 7-25）。

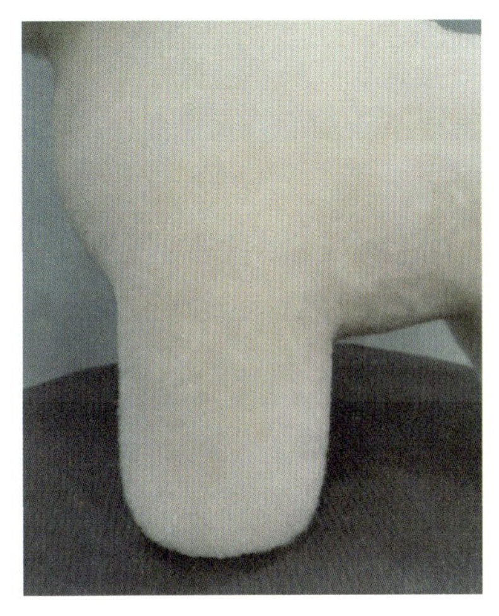

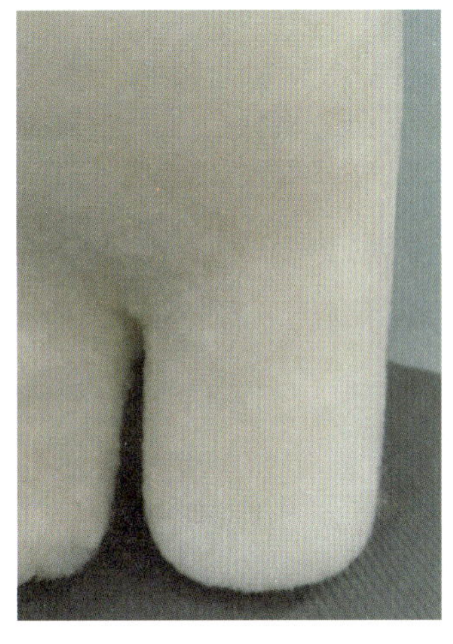

图 7-25　前腿

比熊装

（5）修剪身体中心线：上臂骨向后的平线，由背线修剪斜面到中心线，再由中心线向下腹修剪斜面，再包圆，身体呈圆柱体修剪至前肢 1/2 处。

（6）修剪后腿：由侧面垂直修剪到脚圆收 15°，里面垂直修剪到脚圆 15°，后躯呈“n”形（图 7-26）。

（7）肩过渡到胸：由前肢 1/2 处向胸收斜面包圆，前腿外侧，里侧垂直修剪到脚圆 15°，前腿呈“H”形，间距 1 指。

（8）修剪腰线：腰部定在十三根肋骨与肉身之间。由前肢后侧修剪略微斜直线到腰（图 7-27）。

（9）后腿前侧：由腰修剪斜弧线到脚圆收 15°。

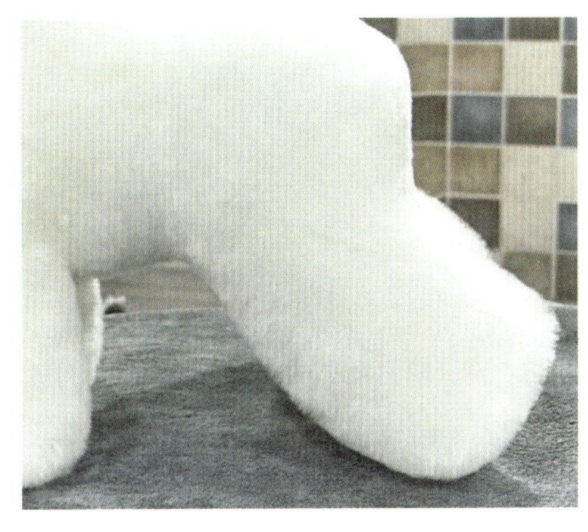

图 7-26　修剪后腿

图 7-27　修剪腰线

（二）头部修剪（图 7-28）

设整个头部长度为 1，鼻桥到下颚为 1/3，鼻桥到头顶为 2/3。

（1）颚段的宽度等于双眼睁开的高度，剪净；

（2）修剪眼部：公犬，修剪向上 45° 斜线至眼尾，超过眼尾 3 ～ 5 mm；母犬，修剪向下弧线至眼尾，超过眼尾 3 ～ 5 mm。眼尾弧线处包圆到侧面，修剪上半圆；

（3）包圆：沿着下颚平线剪至耳下附根处包圆，从正面面颊向侧面包圆；

（4）修剪唇边线：沿着下颚将口角处的毛接顺。

（三）颈部修剪（图 7–29）

由头圆向颈部做斜直线，再与背线 2/3 处接顺，颈部线条与腰线呈一条线。

图 7–28　头部修剪

图 7–29　颈部修剪

（四）尾巴修剪（图 7–30）

尾根处，将尾巴 90° 直立提起，以背线为准剃掉后三侧保留正面，修剪与背线同长，将长于侧腹的毛剪掉。

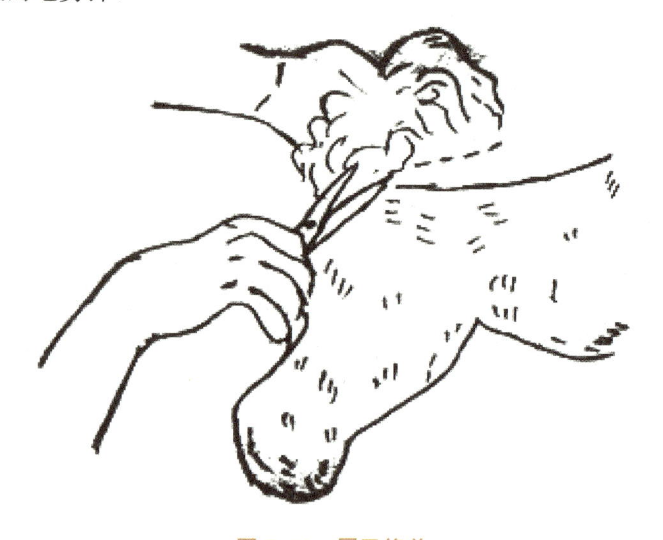

图 7–30　尾巴修剪

考核标准

比熊犬造型修剪考核标准见表 7-3。

表 7-3　比熊犬造型修剪考核标准

序号	项目	考核知识点及要求	考核比例 /%
1	技能	四肢的形状	20
2		四肢的对称性	20
3		大圆头修剪	30
4		躯干修剪	30

单元三　迷你雪纳瑞犬的美容造型修剪

案例导入

一只 2 岁雌性雪纳瑞犬，主人带领其来到宠物店要求美容师给其做美容造型。美容师根据其体型外貌进行构思设计，推荐雪纳瑞小驴装、标准装的山羊胡，留裙边，最后主人选择雪纳瑞的小驴装。

一、雪纳瑞犬品种标准

（一）简介

雪纳瑞犬是由德国人培育，用于守卫工作和陪伴的犬种，主要分为迷你型、标准型及巨型三种。雪纳瑞犬身体粗壮，骨骼发育良好，骨量充足，肌肉十分发达，拱形的眉毛和粗壮的胡须是该犬种的特征，而粗硬的被毛更衬托出其粗犷的外形。

标准型雪纳瑞犬是一种古老的德国犬，牧羊人通常会使雪纳瑞犬将牲畜赶到市场上，标准型雪纳瑞犬用来驱赶羊群非常理想，但是赶牛群就比较困难了，因此，巴伐利亚的牧羊人开始尝试杂交出更大体型的雪纳瑞犬，最终繁殖出了巨型雪纳瑞犬和迷你型雪纳瑞犬。其中，迷你型雪纳瑞犬是作为小型农场捕鼠用途培育出来的，其自身的攻击性较弱，并且具备了欢快迷人的气质，也是最为温顺的一种㹴类犬。

（二）体型

雪纳瑞犬的体型为正方形。迷你型雪纳瑞犬身高为 30.5 ～ 35.6 cm，标准型雪纳瑞犬身高为 44.6 ～ 49.5 cm，巨型雪纳瑞犬身高为 59.7 ～ 69.9 cm，任何超出这一范围的体高都属于缺陷，如果肩高超过此范围的程度达到1英寸①，就被视为失格。肩高与体长相等。

（三）头部

（1）头部结实、呈矩形，而且很长；从耳朵开始经过眼睛到鼻镜，略微变窄。整个头部的长度大约为后背长度（从肩隆到尾根处）的一半。头部应该显得与性别及整个体型相称。表情警觉、智商很高、勇敢。

（2）眼睛中等大小，深褐色，卵形，而且方向是向前的，既不能呈圆形，也不能突出。眉毛弯弯的，而且是刚毛，但眉毛不能太长，以至于影响视力或遮住眼睛。

（3）耳朵位置高，发育良好，中等厚度，如果剪耳，耳朵应该竖立。如果未剪耳，应该是中等大小的耳朵，呈“V”形，向前折叠，内侧边缘贴近面颊。

（4）脑袋（从后枕骨到止部）宽度（两耳朵之间）适中，不超过整个脑袋长度的2/3。脑袋平坦，既不圆也不显得不平整；头皮平整。口吻结实，与脑袋平行而且长度与脑袋一致；口吻末端呈钝楔形，有夸张的刚毛胡须，使整个头部呈矩形外观。口吻的轮廓线与脑袋的轮廓线平行。鼻镜大，黑色而且丰满。嘴唇黑色，紧致。面颊部咬合肌发达，但不能太夸张以至于变成“厚脸皮”，而破坏了矩形头部的整体外观。

（5）咬合：一口完整的白牙齿，坚固而完美的剪状咬合。上下颚有力，不能是上颚突出式咬合或下颚突出式咬合。

（四）颈部、背线、身躯

（1）颈部结实，中等粗细和长度，呈优雅的弧线形，与肩部结合简洁。皮肤紧凑，恰到好处地包裹着喉咙，既没有褶皱，也没有赘肉。

（2）背线不是绝对水平，而是从马肩隆处的第一节脊椎开始，到臀部（尾根处）略微向下倾，并略呈弧形。背部结实、坚固，直而短。腰部发育良好，从最后一根肋骨到臀部的距离尽可能短。

（3）身躯紧凑，结实，结合简短且坚固，拥有足够的适应性和敏捷度。缺陷：过于苗条或笨重，身躯过大或粗糙。

（4）胸部宽度适中，肋骨扩张良好，如果观察横断面，应该呈卵形。胸骨明显可辨。胸部的深度为最低的位置与肘部齐平，从胃部向后，逐渐向上收，缺陷：过度上收，臀部丰满、略圆。

（5）尾巴：尾根位置稍高，向上竖立。需要断尾，保留的长度为1～2英寸。缺陷：松鼠尾。

（五）前躯

肩胛骨倾斜且肌肉发达，所以肩膀平坦，而且肩胛骨圆形的顶端正好与肘部处在同

---

① 1 英寸 =2.54 cm。

一垂直线上。肩胛骨向前倾斜的一端与前肢结合，从侧面观察，应该尽可能是直角。这样的角度可以使前肢得到最大的伸展性，而不受任何牵制。

前肢笔直，垂直于地面，从任何角度观察，都没有弯曲的现象；两腿适度分开；骨量充足；肘部紧贴身体，肘尖指向后面。前肢的狼爪可以被切除。

足爪小、紧凑且圆，脚垫厚实，黑色的指甲非常结实。脚趾紧密、略呈拱形（猫足），趾尖笔直向前。

（六）后躯

肌肉非常发达，与前肢保持恰当比例，绝对不能比肩部更高。大腿粗壮，后膝关节角度合适。第二节大腿，从膝盖到飞节这一段，与颈部的延长线平行。脚腕，从飞节到足爪这一部分，短且与地面完全垂直，而且从后面观察，彼此平行。如果后肢上有狼爪，一般都会切除。足爪与前肢相同。

（七）被毛

紧密、粗硬、刚毛且尽可能浓密，柔软而紧密的底毛，粗糙的被毛，按毛发纹理逆向观察，毛发向后方生长，既不光滑也不平坦。

被毛的质地是最重要的特征，在比赛中，犬后背上的毛发长度在3/4～2英寸最为理想。耳朵、头部、颈部、胸部、腹部和尾巴下面的毛发都需要修剪，以突出这一品种的特点。口吻和眼睛上面的毛发比较长一些，形成眉毛和胡须；腿上的毛发比身躯上的要长一些。这些“修饰”使毛发看起来质地粗糙，但不能太夸张，以至影响其工作犬整洁优雅的整体外观。缺陷：被毛柔软、光滑、卷曲、稀疏或蓬松；太长或太短；底毛稀疏或缺少底毛；过分修饰或缺乏修饰。

（八）颜色

标准型雪纳瑞犬和巨型雪纳瑞犬的颜色只有椒盐色或纯黑色，迷你型雪纳瑞犬的颜色分为椒盐色、黑银色和纯黑色三种。

（1）椒盐色：典型的椒盐色毛色是由黑白色纹状毛发（是指从毛根到毛尖由深至浅再到深的色泽变化）和黑白色非纹状毛发结合而来的，纹状毛发占主导地位。所有深浅的椒盐色都是可接受的，在顶层毛发中，纹状毛发和非纹状毛发可以是从浅至深的各种色泽混合（棕褐色底纹也可接受）。在椒盐色犬中，椒盐色的纹理在眉毛、胡须、颊部、咽喉下、耳朵内、胸毛、尾根下、腿部修饰毛、后腿内侧等处淡化成浅灰色或银白色。在身下，毛发也许会淡化，但如果淡化，淡化毛发不能在身侧一边延伸向上至超过肘部。

（2）黑银色：黑银色与椒盐色的色泽变化一样。整个椒盐色的部分必须是黑色。黑银色犬的顶层毛发是非常厚重的黑色，内层毛发为黑色。拔毛的部分不会淡化，也不会有棕色色调，身体下的毛发颜色深。

（3）纯黑色：纯黑色是唯一认可的纯色雪纳瑞。理想的纯黑色应是外层毛发色泽厚重有光泽，底层毛发可稍稀疏，消光的黑色色泽，这是很自然的，不应扣分。拔毛的部分不会淡化，也不会有棕色色调。在胸部有小白斑可以接受。

缺陷：除了指定颜色以外的任何颜色，如椒盐色混合了铁锈色、棕色、红色、黄色和褐色；缺乏胡椒色；斑点或条纹；背上有黑色条纹；在黑色鞍状部分没有椒盐色毛发或黑色的雪纳瑞犬有灰色毛发；黑色雪纳瑞犬有其他颜色底毛。

（九）步态

完美、有力、敏捷、大方、正确且标准的步态是由于后腿有力且后腿角度合理，能很好地产生驱动力。前肢伸展的幅度与后腿保持平衡。在小跑时，后体坚固而水平，没有摇摆、起伏或拱起。从后面观察，虽然在小跑中，足爪可能会向内，但决不能相碰或交叉。加速时，足爪可能会向身体的中心线。

缺陷：侧行或迂回前进；划桨步，起伏、摇摆；无力、晃动、僵硬、做作的臀部动作；前肢向内或向外翻；马步，从后面观察有交叉或相碰。

二、修剪前准备工作

刷理、梳理被毛并开结；护理眼睛及耳朵；洗澡；边吹干、边梳理、边拉直毛发；护理足部、脚底和腹底（图 7-31）。

图 7-31　雪纳瑞

雪纳瑞拔毛

三、修剪方法

（一）电剪操作

（1）躯体：用 4 号或 7 号刀头，从枕骨开始，沿脊柱一直剃到尾尖，顺毛修剪。剃颈后部时，可将头部与身体拉水平。前胸由喉结顺毛剃至蝴蝶胸上方。肩部由肩胛顺毛剃至前肢肘关节处上一指，和前胸自然连接。身体侧面修剪的位置由前肢的肘部剃至肉身留 1 ～ 2 cm，按照胸部弧度衔接，从腰腹最低点，向后下方继续剃至后肢飞节上 4 指处剃一条斜线，约露出腿部肌肉的 2/3。肛门下从生殖器最低点两侧至飞节上 2 cm 处剃一条斜线，斜线以上部位剃干净。

（2）头部：用 10 号刀头，从眉骨上方紧贴头皮剃向枕骨，两侧从眉骨剃到前耳根与外眼角的连接处，要将皮肤展开，使过渡衔接自然。用 10 号刀头，从耳孔到外眼角垂直线的位置逆毛剃，注意不能剃多，前面留胡子。

（3）颈部：用 10 号刀头，由喉结逆毛剃至胡须边缘，剃后颈部从正面看呈“V”形。

雪纳瑞头部修剪

（4）耳部：用 15 号刀头修剪耳部的内侧及外侧，要从耳根处顺毛剃至耳尖，操作时应用手固定耳朵。不要修耳朵边缘的毛，这些毛必须手剪。

（5）尾部：用 4 号或 7 号刀头，修剪四面，尾尖可以用剪刀修剪得比较圆润一些，造型呈锥形。

（二）手剪操作

（1）足圆：雪纳瑞的足圆为“小碗底”。在修剪时先顺毛将毛捋到脚部，以脚垫最高点为准，水平剪平，呈放射性将脚周围的毛梳开，剪刀倾斜 30° 修圆，注意足圆的大小要与腿相协调，也可先修剪腿部再修足圆。

（2）后腿：后腿外侧修剪飞毛即可，将腿关节上的毛发与飞节处的毛发相融合，后腿前侧为指向脚尖的一条斜线，飞节下修成圆柱形，而后腿内侧修成“A”形的直线，注意修剪时要保证犬的飞节垂直于美容桌的台面（图 7-32）。

（3）侧身与腹线：将侧身与腹部的毛向下梳理，侧身一般只需修飞毛。腹部从肘关节下 2 cm 向腰部剪斜线，将腹底的毛剪平，要注意乳头和生殖器的安全（图 7-33）。

（4）前腿：从肘部到脚修剪成圆柱形。注意外侧面与肘外侧在同一垂直面上。确认无游离毛伸出（图 7-34）。

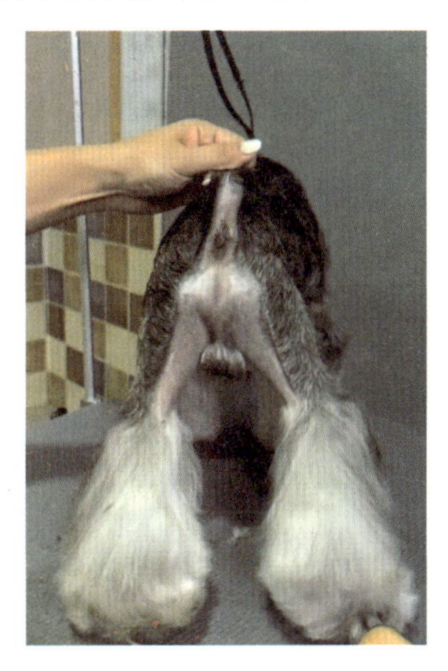

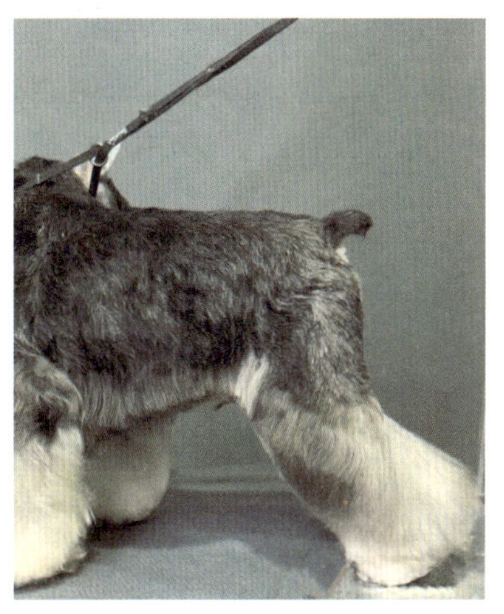

图 7-32　后腿

雪纳瑞前腿修剪

图 7-33　侧身与腹线

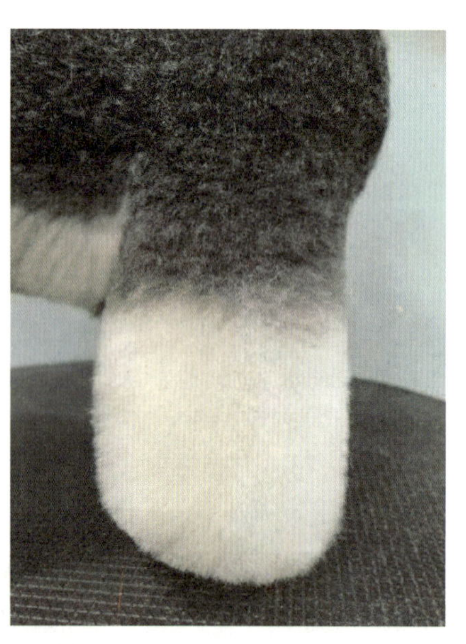

图 7-34　前腿

（5）前胸：将胸前的毛逆毛挑起修剪到和胸骨在同一垂直面上，然后与肘外侧自然衔接，将两前腿之间胸底部的毛发在肘关节处剪平，与腹部剪通。

（6）眉毛：用牙剪修剪两眼之间毛发，使其分开宽度与鼻子同宽。注意不能露出内眼角。用剪刀将眉毛与胡子分开。用针梳把眉毛顺毛流方向梳，从外眼角处开始，剪刀对准鼻子中心交叉剪，将眉毛修剪成三角形或月牙形。

雪纳瑞眉毛修剪

（7）胡子：胡子向前梳，用剪刀沿直线将胡子剪成紧靠脸颊的矩形，使胡子与脸颊贴服，如果主人无特殊要求，要尽量将胡子留长（图 7-35）。

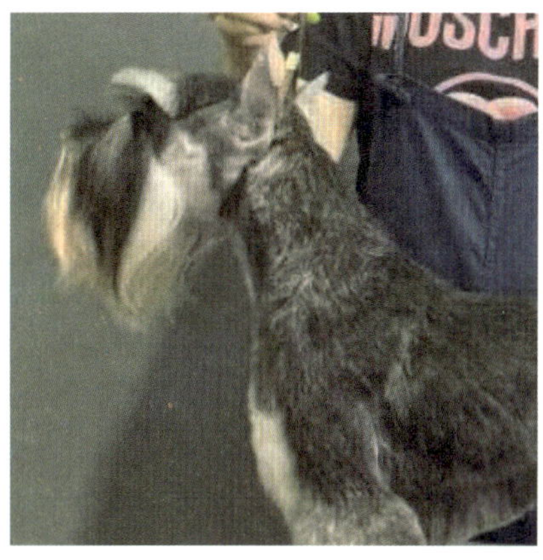

图 7-35　胡子

（8）耳部：用手指轻轻按住耳廓，用剪刀沿着耳廓边缘小心除去耳周围所有绒毛（图 7-36）。

图 7-36　耳部

（三）雪纳瑞的小驴装

（1）留住额面上 1/2 至脊椎处的被毛，留作马鬃（约为脊椎前 1/3 马鬃宽度，以两耳间为准）。

（2）按雪纳瑞常规造型，顺剃后脊椎处的被毛至尾根处，留住尾部饰毛。

（3）体侧顺毛生长方向剃至肘部上 2 ～ 3 指。

（4）留住额面上 1/2 剃胡子以下，胸部饰毛，将白毛区留住。

（5）用电剪顺剃耳部内外毛；于耳根向下逆剃至喉结白毛区以上成“V”形；从耳根向眼角后留一指处逆毛向前剃；从眼角向后一指向下倾斜剃至嘴角边缘两指。

（6）用直剪将四肢修成圆柱形，并修剪胸前白毛。

（7）将口吻处胡须修剪成圆筒状。

（8）用牙剪将眉毛剪成半圆形，充分露出眼睛，将眼、眉周围杂毛修剪干净。

考核标准

雪纳瑞犬造型修剪考核标准见表 7-4。

表 7-4　雪纳瑞犬造型修剪考核标准

序号	项目	考核知识点及要求	考核比例 /%
1	知识	雪纳瑞犬的被毛有何特点	10
2		雪纳瑞犬背部修剪时的注意事项	20
3	技能	四肢的对称性	20
4		躯干修剪比例	20
5		头部的造型	20
6		尾巴的修剪	10

单元四　博美犬的美容造型修剪

案例导入

一只 3 岁雌性白色博美犬，主人带领来到宠物店要求美容师给其做美容造型。美容师根据其体型外貌进行构思设计，建议进行博美犬标准造型修剪。

一、修剪前准备工作

（一）基础护理

每 1 ～ 2 周洗一次澡。每 4 ～ 6 周修剪或研磨趾甲，保持健康的足部结构。用耳朵清洁溶剂定期擦拭耳朵。用高速吹风机快速吹干犬的体毛，将脏东西和皮屑从皮肤上吹起，并且松动体毛。将长毛中发现的毛结都梳理通顺或去除，如果毛结较松，在洗澡后风干将毛结去除；如果水无法浸透毛结，在洗澡前将毛结去除。

（二）刷毛方法

（1）直线刷毛，分区域刷毛，直到犬整个身体上都没有毛结为止。整体刷毛结束后，可能残留少量的绒毛，需要用刮毛刀去除。

（2）通过宽齿梳刷理和用手触摸再次检查刷毛工作。检查犬的全身被毛，特别是被毛密集的区域中是否有任何不顺畅的地方。如果某个区域摸起来有潮湿感，或是比其他位置的被毛要浓密，就需要用合适的工具重新处理一下。

（3）毛结和过量的被毛很容易在耳朵后面、颈部、大腿、身体下侧和尾巴等区域出现。在结束美容前，要留意这些位置。

（三）耳朵的处理

用去薄剪刀修剪耳朵的边缘，用手拔除耳朵周围较长、纤细、漂浮的毛。

二、修剪方法

（一）脚、跗骨的修剪

（1）使用15号刀头，贴近修剪脚垫。

（2）动作轻柔地去除脚垫上的长毛。如果脚趾之间有长毛，要逆着体毛生长的方向刷毛。这样长毛就会立起在足面上。

（3）用去薄剪刀修剪多余的被毛，从而形成干净、自然的足部造型。如有需要，可用处理细节的小型剪刀进一步修剪足部的外边缘。

（4）如果跗骨位置长有较长的毛，可使用去薄剪刀略微修剪以展现出整洁、干净的跗骨。

（5）4号刀头适用于逆向修剪毛量少或适中的小型犬或较大的犬的足面和跗骨区域。对于毛量浓密或巨型的犬，使用手持剪刀代替电剪，对足面和跗骨进行修剪。

（二）生殖器区域的修剪

如果犬尾巴下方区域存在卫生问题，那么用去薄剪刀对这一区域进行略微修剪。修剪适量的被毛来改善卫生问题，同时要让犬看起来非常自然。不建议修剪腹股沟，除非那里存在卫生问题。如果腹股沟需要修剪，那么只做略微修剪，尽量使被毛保留的足够长，否则较硬的被毛会刺伤皮肤，导致犬只舔咬被刺激的位置。

● 考核标准

博美犬造型修剪考核标准见表7-5。

表7-5　博美犬造型修剪考核标准

序号	项目	考核知识点及要求	考核比例/%
1	知识	博美犬脚的修剪方法	10
2		博美犬生殖器区修剪注意事项	20
3	技能	四肢的对称性	20
4		躯干修剪比例	20
5		头部的造型	20
6		尾巴的修剪	10

单元五　西施犬的美容造型修剪

一、修剪前准备工作

（一）基础护理

（1）洗澡频率。每 1 ～ 2 周洗 1 次澡。

（2）足部护理。每 4 ～ 6 周修剪或研磨指甲，保持健康的足部结构。

（3）耳朵护理。用温和的耳朵清洁溶剂擦拭耳朵。如果耳道内有长毛，可用手指或止血钳蘸耳粉将其拔除。

（4）体毛护理。洗澡前快速检查犬只的身体，将严重的毛结去除。如果毛结可以用水浸透，就在犬洗干净之后再去除毛结。如果犬保留着宠物级别的推剪妆容，但已经 6 周以上没有进行过专业的美容护理，那么在洗澡前要去除大量体毛，并适当修剪。

（二）刷毛方法

（1）系统地给犬的整个身体进行直线刷毛，要深入皮肤表层。

（2）使用刮刷，通过“轻拍”和“提拉”的方式进行直线刷毛，也就是用整个刷面轻拍体毛，每拍一下，将刷子从皮肤表面拉起、拔出。

（3）手腕保持中立且笔直的位置，动作要轻而柔和，从后腿的下侧开始刷毛。

（4）每条腿重复相同的动作，之后是身躯、脖子、头部、耳朵和尾巴。

（5）在犬的全身均匀刷理，用一只手抓着体毛或是向上推毛。这个工作可以用梳子或刷子来进行。但是大多数情况下，梳子留在二次检查刷毛的工作时使用。

（6）用刮刷找出分界线，每刷一下会拔下一小簇毛。直到刷子刷下去的时候非常顺畅。分界线处的皮肤可见时，再开始处理下一个区域。

（7）要留意前腿下侧、颈圈处、耳朵和尾巴。用手感受体毛的密度，如果某个区域摸起来更厚或更密，则需要用刷子或梳子再额外梳刷一下。

（8）刷毛时会产生静电，可在刷毛时使用抗静电产品或用水喷湿体毛。

二、修剪方法

（一）头部的修剪

处理遮挡西施犬眼睛的长毛的传统方法是在每只眼睛上方将长毛扎成一个扣状物，将毛发向上拉起形成两个马尾，然后折起扎上精致的橡皮筋。这样长毛变成了扣状物，更能衬托出柔和、深色的眼睛。

可以在扣状物上扎上小蝴蝶结，进一步增强眼睛的效果。对于宠物犬只，通常会略微修剪两眼之间的额段区域。

（二）脚、跗骨的修剪

（1）用15号的刀头贴近修剪脚垫。

（2）用轻柔的手法处理脚垫上的长毛。

（3）在修剪出圆形的脚型之前，先将脚修成方形。在将脚修成圆形的时候可使脚趾指向前方。

（4）使用长形弯剪刀对足部的外轮廓进行处理，使其呈圆形。

（三）细节处理

（1）对犬只的轮廓线稍作修整，将长而杂乱的毛去除。在保证外表自然的前提下，可以使用去薄剪刀进行修剪。

（2）在体毛上喷上质地优良的喷雾来增加光亮感。

考核标准

西施犬造型修剪考核标准见表7-6。

表7-6　西施犬造型修剪考核标准

序号	项目	考核知识点及要求	考核比例/%
1	知识	西施犬的刷毛方法	10
2		西施犬头部修剪时的注意事项	20
3	技能	四肢的对称性	20
4		躯干修剪比例	20
5		头部的造型	20
6		尾巴的修剪	10

单元六　约克夏㹴犬的美容造型修剪

一、修剪前准备工作

（一）基础护理

（1）洗澡频率。每1～2周洗一次澡。

（2）足部护理。每4～6周修剪或研磨指甲，保持健康的足部结构。

（3）耳朵护理。用温和的耳朵清洁溶剂擦拭耳朵。如果耳道内有长毛，可用手指或止血钳蘸耳粉将其拔除。

（4）体毛护理。洗澡前快速检查犬只的身体，将严重的毛结去除。如果毛结可以用水浸透，就在犬洗干净之后再去除毛结。如果犬保留着宠物级别的推剪妆容，但已经6周以上没有进行过专业的美容护理，那么在洗澡前要去除大量毛发，并适当修剪。

（二）刷毛方法

（1）系统地给犬的整个身体进行直线刷毛，要深入皮肤表层。

（2）使用刮刷，通过“轻拍”和“提拉”的方式进行直线刷毛，也就是用整个刷面轻拍体毛，每拍一下，将刷子从皮肤表面拉起、拔出。

（3）手腕保持中立且笔直的位置，动作要轻而柔和，从后腿的下侧开始刷毛。

（4）每条腿重复相同的动作，之后是身躯、脖子、头部、耳朵和尾巴。

（5）在犬的全身均匀刷理，用一只手抓着体毛或是向上推毛。这个工作可以用梳子或刷子来进行。但是大多数情况下，梳子留在二次检查刷毛的工作时使用。

（6）用刮刷找出分界线，每刷一下会拔下一小簇毛。直到刷子刷下去的时候非常顺畅，分界线处的皮肤可见时，再开始处理下一个区域。

（7）要留意前腿下侧、颈圈处、耳朵和尾巴。用手感受体毛的密度，如果某个区域摸起来更厚或更案，则需要用刷子或梳子再额外梳刷一下。

二、修剪方法

（1）修剪足部时用去薄剪刀去除多余的毛，形成洁净、自然的足部造型。也可用小型剪刀进一步修剪足部的外边缘。

（2）如果跗骨位置长有较长的毛，可使用去薄剪刀略微修剪以展现出整洁、干净的跗骨。

（3）对于毛量浓密或巨型的犬，使用手持剪刀代替电剪，对足面和跗骨进行修剪。

● 考核标准

约克夏㹴犬造型修剪考核标准见表7-7。

表7-7 约克夏㹴犬造型修剪考核标准

序号	项目	考核知识点及要求	考核比例/%
1	知识	约克夏㹴犬的刷毛方法	10
2		约克夏㹴犬背部修剪时的注意事项	20
3	技能	四肢的对称性	20
4		躯干修剪比例	20
5		头部的造型	20
6		尾巴的修剪	10

单元七　可卡犬的美容造型修剪

一、英国可卡犬的造型修剪

（一）品种简介

英国可卡犬是一种活泼、欢快的运动犬，马肩隆为身躯最高点，结构紧凑。它的性格活泼；它的步态强有力且没有阻力；有能力轻松地完成搜索任务及用尖锐的叫声惊飞鸟类，并执行寻回任务。它非常热衷于在野外工作，不断地摆动尾巴显示出它在狩猎过程中有多么享受，这正好符合培养这个品种的目的。它的头部非常特殊。首先，它必须是一条非常匀称的狗，不论在站立时还是在运动中，没有任何一个部位显得夸张，整体的协调性比这些部位的总和更重要。

（二）品种标准

1. 体型

（1）尺寸。

1）肩高：雄性为 16 ～ 17 英寸；雌性为 15 ～ 16 英寸。超过这一范围属于缺陷。

2）体重：雄性为 28 ～ 34 磅[①]；雌性为 26 ～ 32 磅。正确的结构和体质比纯粹的体重更为重要。

（2）比例：紧凑的结构和较短的接合，肩高略微大于从马肩隆到尾根处的距离。

（3）体质：英国可卡犬是一种结构稳固的犬，拥有尽可能多的骨量和体质，但不会显得土气或粗糙。

2. 头部

（1）整体外观：结实，但不粗糙，轮廓柔和，没有尖锐的棱角。整体给人的感觉是，所有部位所组成的表情与其他品种相比显得与众不同。

（2）表情：温和，甜蜜，但威严，警惕而且聪明。

（3）眼睛：眼睛中等大小，丰满而略呈卵形；两眼的距离宽阔；眼睑紧。瞬膜不显眼；有色素沉积或没有色素沉积。除了肝色和带肝色的杂色犬允许有榛色眼睛（较深的榛色更好）外，其他颜色犬的眼睛为深褐色。

（4）耳朵：位置低，贴着头部悬挂；耳廓细腻，能延伸到鼻尖，覆盖着长、丝质、直或略微呈波浪状的毛发。

（5）脑袋：圆拱而略显平坦，分别从侧面和正面观察。观察其轮廓，眉毛并没有高出后脑多少。从上面观察，脑袋两侧的平面与口吻两侧的平面大致平行。止部清晰，但适中，且略有凹槽。

（6）口吻：与脑袋长度一致；适度丰满；只比脑袋稍微窄一点，宽度在眼睛所在

---

① 1 磅 =0.45 kg。

的位置达成一致；眼睛下方轮廓整洁。颌部结实，有能力运送猎物。鼻孔开阔，且嗅觉相当发达；鼻镜颜色为黑色，除了肝色或带肝色的杂色犬的鼻镜可以是褐色，红色或带红色的杂色犬的鼻镜颜色也可以是褐色，但黑色是首选。嘴唇呈四方形，但不下垂，也没有夸张的上唇。

（7）牙齿：剪状咬合。钳状咬合也可以接受，但不理想。上颚突出式咬合或下颚突出式咬合属于严重缺陷。

3. 颈部、背线、身躯、尾巴

（1）颈部：优美，且肌肉发达，向头部方向显得圆拱，与头部接合整洁，没有赘肉，并融入倾斜的肩胛；长度适中，且与犬的高度及长度平衡。

（2）背线：颈部与肩胛接合处到背线呈平滑的曲线。背线非常轻微地向臀部倾斜，没有下陷或褶皱。

（3）身躯：紧凑且接合紧密，给人的印象是非常有力但不沉重的。胸部深；没有宽到影响前肢动作的程度，也不是太窄，而显得前躯太窄或缩在一起。前胸非常发达，胸骨突出，略微超过肩胛与上臂的结合关节。胸部深度达到肘部，并向后逐渐向上倾斜，适度上提。肋骨支撑良好，并逐渐向身躯中间撑起，后端略细，有足够的深度，并充分向后扩展。背部短而结实。腰部短、宽且非常轻微地圆拱，但不足以影响背线。臀部非常圆，没有任何陡峭的迹象。

（4）尾巴：断尾。位置位于臀部，理想状态下，尾巴保持水平，而且在它运动时，动作坚定。在兴奋时，尾巴可能举得高一些，但决不能向上竖起。

4. 前躯

英国可卡犬略有棱角。肩胛倾斜，肩胛骨平坦而平稳。肩胛骨与上臂骨程度大致相等，上臂骨位置靠后，与肩胛骨之间的连接，有足够的角度，使它在自然状态站立时，肘部正好位于肩胛骨顶端的正下方。

前肢直，从肘部到腕骨的骨骼几乎完全是同样的尺寸；肘部的位置贴近身躯；腕骨几乎是笔直的，略有弹性。足爪与腿部比例恰当、稳固，圆形的猫足；脚趾圆拱、紧凑；脚垫厚实。

5. 后躯

角度适中，与前躯的平衡是非常重要的。臀部相当宽且圆。第一节大腿宽、粗且肌肉发达，能提供强大的驱动力。第二节大腿肌肉发达，且长度与第一节大腿的长度大致相等。膝关节结实且适度弯曲，从飞节到脚垫的距离短，足爪与前躯相同。

6. 被毛

头部的毛发短而纤细；身体上的毛发长度适中；平坦或带有轻微的波浪状；质地为丝质。英国可卡犬有许多羽状饰毛，但不会影响它在野外工作。修剪是允许的，去除多余的毛发并强调它的自然线条，但必须修剪得尽可能接近自然形态。

7. 颜色

颜色有很多种。杂色可以是整洁的斑纹、斑点或花斑色，白色为主，结合了黑色、肝色或不同深浅的红色。在杂色中，最可取的是身上有纯色斑块，或多或少，均匀分布；身躯上没有斑块也可以接受。纯色是黑色、肝色或不同深浅的红色。纯色带有白色足爪属于缺陷；喉咙带有少量白色是允许的；但这些白色斑块决不能使它看起来像杂色。棕色斑纹，清晰整洁，不同深浅，可以与黑色、肝色及杂色结合在一起。黑色和棕色、肝色和棕色也被归为纯色。

8. 步态

英国可卡犬是能够在浓密的灌木丛中和丘陵地带狩猎的猎犬。所以它的步态特点更多地表现在强大的驱动力方面，而且速度非常快。在比赛场中，它骄傲地昂起它的头，并且在站立等待检查和行走时，背线都能保持一致。过来或离去时，行走路线笔直，没有横行或摇摆，当结构和步态都恰当的前提下，前腿和后腿之间都保持相当宽的距离。

9. 气质

英国可卡犬是欢快而挚爱的犬。它性格平静，既不慢吞吞的，也不过度亢奋，是一个乐于工作、可靠而迷人的伙伴。

（三）修剪

1. 修剪前准备工作

刷理、梳理被毛并开结；护理眼睛及耳朵；洗澡；边吹干、边梳理、边拉直毛发；护理足部、脚底和腹底。

2. 修剪方法

（1）电剪操作。

1）躯体：用 7 号刀头，从头盖骨底部开始，沿脊椎骨向后直至尾根，而后沿躯体两侧向下，前腿至肩关节，后腿至大腿上部，臀部至后旋转毛的上部。

2）尾部：用同一号的刀头从根部到尾尖沿毛流方向修剪，尾尖部用牙剪修圆润。

3）头部：用 10 号刀头顺毛修剪脸及头顶多余的毛发，谨记头顶及脸部的毛最好紧贴，不能让毛松出，这样的做法主要是令头部长而勒紧，额段明确。头顶端不留冠状饰毛。

4）喉部：抬起下颚，用 10 号刀头把咽喉部的毛剪成“U”形，而颈侧的被毛用 7 号刀头顺毛剪掉，接合处则用牙剪修剪自然。

5）耳部：用 15 号刀头把耳部内侧及外侧毛顺毛方向剪去 1/3 ～ 1/2。

6）腿部：前腿毛较少，可以用 7 号刀头剃除前腿毛的 1/3 ～ 1/2，留下前腿的饰毛。后腿修剪成猫爪型或将爪子修剪平滑，可使趾甲稍稍外露。

（2）手剪操作。

1）前胸：修剪成自然的弧线。

2）腹部：下腹部毛修剪自然，防止修剪过多形成“空洞”。

3）耳部：用牙剪做最后修剪，令毛发自然结合，耳饰毛要修剪整齐美观。

考核标准

英国可卡犬的造型修剪考核标准见表 7-8。

表 7-8　英国可卡犬的造型修剪考核标准

序号	项目	考核知识点及要求	考核比例 /%
1	知识	英国可卡犬的造型特点	20
2		美容工具的使用	20
3	技能	正确使用美容工具	30
4		英国可卡犬的修剪方法	30

二、美国可卡犬的造型修剪

（一）品种简介

美国可卡犬是运动犬组中最小的。它有强健、紧凑的身体和轮廓分明、优雅的头部，犬的整体有完美的平衡感和理想的尺寸。它直立时前腿笔直，肩部耸起，背线向强壮、略弯曲、肌肉发达的后躯略微下倾。可卡犬拥有相当可观的速度，并且有很好的耐力。最重要的是，可卡犬是自由的、欢快的、华丽的，在运动中显示出很好的平衡感，并且表现出很强的工作欲望。一只各部分有很好平衡感的犬远比一只优点和缺点都非常显著的犬要可取。

（二）品种标准

1. 尺寸

一只成年公犬在马肩隆处的最理想高度应为 15 英寸，母犬 14 英寸，高度允许在上下 1/2 英寸的范围内浮动。一只成年公犬的身高超过 15.5 英寸，或一只成年母犬的身高高于 14.4 英寸均视为失格。一只成年公犬的身高如低于 14.5 英寸，或一只成年母犬的身高低于 13.5 英寸，应扣分。高度由从肩胛骨到地面的垂线决定，测量时犬应自然站立，前腿和略低的后腿平行于测量线。比例：从胸骨到大腿骨的后端就比马肩隆处的高度略长。身体必须有足够的长度以保证直而轻快的步态；犬不应有长而矮的体形。

2. 头部

头部应与身体的其他部分保持平衡，其表情应是机智、警觉、温柔和动人的。

（1）眼睛：圆而饱满，直视前方。眼眶的形状使眼睛略呈杏仁状。总体而言，虹膜应为深棕色，颜色越深越好。

（2）耳朵：小叶状，长，毛发丰富，耳根不高于眼睛的底部。

（3）头骨：圆，但不能过分夸张，不能有平坦的趋势；明显的额段使眉更加分明。眼部以下的骨骼结构轮廓分明，颊部没有突起。

（4）口吻部：宽且深，上下颚方而平。为了保持正确的平衡，从额段到鼻尖的距离应是额段向上越过头顶到枕骨的距离的一半。

（5）鼻子：应有足够的尺寸与口吻部和前脸保持平衡，鼻孔发达，具有运动犬种的典型特征。黑色、黑白色、黑棕色犬的鼻子应为黑色，其他颜色的犬可为棕色、肝棕色或黑色，颜色越深越好。鼻子的颜色应与眼眶相协调。

（6）嘴唇：上唇丰厚，有足够的深度盖住下颚。

（7）牙齿：牙齿强壮、稳固，不能太小，应为剪状咬合。

3. 脖子、背线和身体

（1）脖子：脖子应有足够的长度使犬的鼻子可以轻易地碰到地面，肌肉发达，咽喉以下的皮肤不能过分松弛下垂。脖颈从肩部升起，略拱，到与头部的连接处略微收细。

（2）背线：向强健的后躯略微地下倾。

（3）身体：胸深，最低点不高于肘部，身体前部有足够的宽度以容纳心和肺，但不能太宽以至影响前腿向前的运动。肋笼深，曲率良好。背部强壮，从肩至尾根略下倾。

（4）尾部：截尾，尾部与背线保持很好的延续，平或略高于背线，但不能像㹴类犬一样直竖，也不能太低，以使犬显得胆怯。犬运动时，尾部动作欢快。

4. 前躯

肩充分向后，与上臂约成 90°，这样犬的前腿可以轻松地运动，向前跨出。肩轮廓分明，略倾，没有突起，马肩隆的尖端成一角度，以保证肋笼有足够的曲率。从侧面看，前腿垂直地面，肘部正好位于肩胛最高处的下面。前腿平行，骨骼强壮，肌肉发达，紧靠身体，位于肩胛的正下方。掌骨短而强壮。前腿伪趾可去除。足部紧凑，大而圆，足垫坚硬，足既不能向内撇也不能向外撇。

5. 后躯

髋部宽，后部浑圆、强健。从后面看，后腿无论在静止或运动时均保持平行。后腿骨骼强，肌肉发达，膝关节处角度适中，大腿骨有力，轮廓分明。膝关节强壮，无论在静止或运动状态均连接紧密，无滑移、松脱现象。踵强壮，位置低。后腿伪趾可去除。

6. 被毛

头部毛发短且细，身体上的毛发中等长度，有丰厚的底层背毛保护身体。耳朵、胸部、腹部及四肢毛发丰厚，但不能过度以至掩盖犬只的整体轮廓线，影响犬的运动、外观和作为一只毛发适量的运动犬的功能。毛发的质地很重要，可卡犬的毛发应是柔滑的，直或略呈波浪形，以便打理。毛发过量、弯曲过分或是棉花似的质地均应受严厉处罚，在背部用电剃刀剃毛是不可取的，为了加强犬的整体轮廓而修剪的毛发应尽量自然。

7. 颜色和斑点

（1）黑色：纯黑色，包括有棕色斑的黑色犬。黑色应为墨黑色；褐色或肝棕色的色泽是不可取的。允许胸部和咽喉处有少量白斑；其他任何部位出现白色斑均为失格。

（2）除黑色外的其他纯色（ASCOB）：除黑色外的其他纯色犬，从最浅的乳酪色到最深的红色，包括褐色和有棕色斑的褐色犬。颜色应有统一的色泽，但修饰毛的色泽可略淡。胸部和咽喉部的少量白色斑是允许的，其他任何部位出现白色斑均为失格。

（3）花色：有两种或两种以上的纯色，颜色区分明显；其中一种颜色必须是白色；黑白、红白（红色可在最淡的乳色到最深的红色间变化）、棕白及杂色犬，包括以上颜色组合并有棕色斑点。棕色斑点出现的部位与纯黑色犬或 ASCOB 一样较为理想。杂色斑犬被归类为花色犬，可以有常见的各种杂色斑点，主色占 90%或以上视为失格。

（4）棕色斑：棕色的变化范围可从最浅的乳酪色到最深的红色，棕色斑必须限制在 10%以内，超过 10%的视为失格。在纯黑色犬或 ASCOB 犬中，棕色斑就出现在以下部位：

1）双眼上有清晰的色斑；

2）口吻部两侧和颊部；

3）耳朵内侧；

4）足或腿部；

5）尾巴下面；

6）胸部可以有棕色斑，有或没有都不会扣分。

如果棕色斑不是清晰可见，或只有淡淡的痕迹，应扣分。口吻部的棕色斑如向下延伸或互相连接，也应扣分。纯黑色犬或 ASCOB 犬及其他有棕色斑的犬，棕色斑未出现在以上指定部位，为失格。

8. 步态

美国可卡犬虽是运动犬组中最小的犬种，却有运动犬典型的步态。前后躯的平衡是保证步态良好的前提条件。可卡犬由强健有力的后躯推动，肩部和前腿构造合理，与后躯的驱动相协调，使犬可以自如地跨步向前。最重要的是，可卡犬的步态协调、流畅、自如，动作过大视为不正确的步态。

9. 性格

性格温和不胆怯。

10. 失格

（1）身高：公犬身高超过 15.5 英寸，母犬身高超过 14.5 英寸。

（2）颜色与斑点：上述的颜色和颜色组合为唯一可接受的颜色。

（3）其他的任何颜色均视为失格。

1）纯黑色犬：胸和咽喉部有白色斑，为失格。

2）除黑色外的其他纯色犬：胸和咽喉部有白色斑，为失格。

3）花色犬：主色大于等于 90%，为失格。

（4）棕色斑。

1）棕色斑超过 10%；

2）黑色或 ASCOB 犬，其他有棕色斑的犬，在指定位置未出现棕色斑，为失格。

（三）修剪

1. 修剪前准备工作

被毛的刷理、梳理与开结；眼睛、耳朵的护理；洗澡；边吹干、边梳理、边拉直毛发；足部、脚底、腹底的护理。

2. 修剪方法

（1）电剪操作。

1）躯体：用 7 号刀头，从头盖骨底部开始，沿脊椎骨向后直至尾根，而后沿躯体两侧向下，前腿至肩关节，后腿至大腿上部，臀部至后旋转毛的上部。

2）尾部：用同一号的刀头从根部到尾尖沿毛流方向修剪，尾尖部用牙剪修圆润。

3）头部：用 10 号刀头顺毛修剪脸及头顶多余的毛发，谨记头顶及脸部的毛最好紧贴，不能让毛松出，这样的做法主要是令头部长而勒紧，额段明确。头顶前端 1/2 处在眉毛上留下一小部分王冠状的毛不动。

4）喉部：抬起下颚，用 10 号刀头把咽喉部的毛剪成“U”形，而颈侧的被毛用 7 号刀头顺毛势剪掉，接合处则用牙剪修剪自然。

5）耳部：用 15 号刀头把耳部内侧及外侧毛顺毛方向剪去 1/3 ～ 1/2。

（2）手剪操作。

1）腿部：沿腿边缘去除蔓生的丛毛，从背影看腿毛与体毛融汇在一起形成“围裙”。

2）脚部：以桌面为标准，环脚部修剪平整一周的丛毛，去除脚垫上多余的丛毛，趾甲不能太长暴露在外。还可以沿桌面 45° 倾斜剪刀，逐层剪出弧形足圆。

3）躯干：下腹饰毛接合部用牙剪仔细打薄，以显出层次。

4）前胸：用牙剪修剪出胸部的线条，从肩部到前胸剪出弧线，与下胸部及下腹的饰毛自然结合。用牙剪修剪躯体剪毛区、前胸、后边臀部及后腿毛，使其融汇成为“围裙”样，整体柔软平齐。

5）头部：用牙剪从头盖骨底部顺着毛皮纹理和毛流方向修剪。眉毛上呈 90°，眼角外侧垂直、贴服，使之融为一体。

考核标准

美国可卡犬的造型修剪考核标准见表 7–9。

表 7–9　美国可卡犬的造型修剪考核标准

序号	项目	考核知识点及要求	考核比例 /%
1	知识	美国可卡犬的造型特点	20
2		美容工具的使用	20
3	技能	正确使用美容工具	30
4		美国可卡犬的修剪方法	30

学习小结

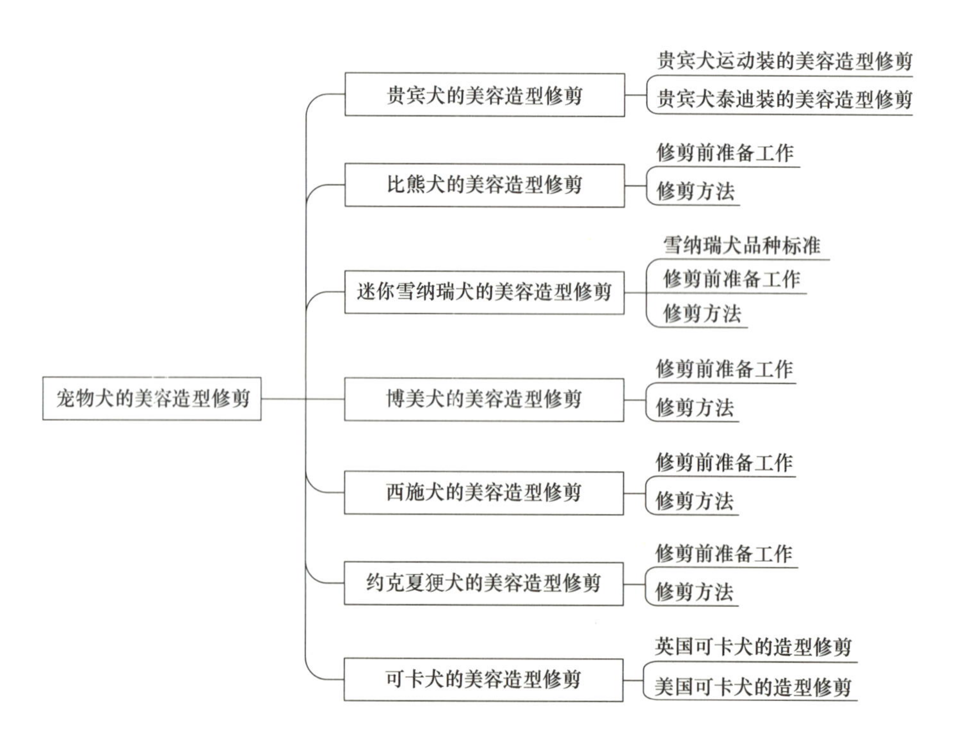

思考题

1. 画出贵宾犬泰迪装美容头部造型修剪图。
2. 画出雪纳瑞犬美容造型修剪图。
3. 画出博美犬美容造型修剪图。
4. 画出西施犬美容造型修剪图。
5. 画出可卡犬美容造型修剪图。

第八章 宠物犬的特殊美容

知识目标

1. 掌握宠物的染色技术。
2. 熟悉长毛犬养护及包毛技术。
3. 了解宠物形象设计与服装搭配技术。

能力目标

1. 能够正确进行宠物的染色。
2. 能够正确进行长毛犬养护及包毛。
3. 能够正确进行宠物形象设计与服装搭配。

素质目标

1. 热爱宠物，了解色彩搭配、服装搭配技巧。
2. 树立正确的自我防护观念。

随着生活水平的提高，宠物美容行业也在发生着改变，宠物美容已经不只是简单的洗澡与造型的修剪，现在已经出现一些特殊的美容项目。比较常见的特殊美容项目包括宠物被毛染色、宠物被毛养护、宠物 SPA、宠物服装搭配等。这些特殊的宠物美容项目使宠物变得更加赏心悦目，更加得到宠物主人的喜爱。

单元一 宠物的染色技术

一、准备工作

（1）动物：白色宠物犬 1 只。

（2）工具：宠物用染色膏、染色刷、染色碗、塑料手套、排梳、宠物用皮筋、分界梳、塑料袋或保鲜膜、锡纸、发夹等。

（3）给要染色的宠物犬先做清洁美容。

二、操作方法

（1）准备好修剪及染色所需要的工具。

（2）设计造型。根据宠物的品种和宠物的自身特点为其进行造型设计，也可参考宠物主人的想法进行造型设计。如果在身体上进行局部染色，应先修剪出造型的图案（图 8-1）。

图 8-1　染色效果图片

（3）分区。选择染色位置，身体任何部位均可。将需要染色的被毛与不需要染色的被毛分开，分界处的毛根部用分界梳分好，利用塑料袋或保鲜膜进行分隔，以防止在染色的过程中将染色膏染到不需要染色的被毛上，影响整体效果。还可以在染色区域周围涂上专业的防护膏，如果没有防护膏可以用护毛素代替，以减少染色区域周围的被毛被污染。

（4）调色。将需要的染色膏挤在染色碗中，如需要调色，则按调色卡上的说明将几种所需不同颜色的基色染色膏或媒介调和膏挤在染色碗中搅拌均匀，调出所需的颜色。

（5）染色。用染色刷蘸取适量染色膏涂抹在需要染色的毛发上（如果要染单一的基色，也可将染色膏直接挤在需要染色的毛发上），用染色刷将染色膏均匀刷开，内外都要刷到。为了得到良好的染色效果，染色时要不时地利用排梳梳一下，也可用分界梳将染好的一小层被毛与未染好的被毛分开，一层一层进行染色。用刷子染色后，用手指将染色的部位进行揉搓，直到确认被毛已经染透，要保证每根被毛上都被均匀染色。

（6）包裹固定。将刷完染色的部位用梳子梳理后，再用锡纸或保鲜膜或塑料袋将染色的部位包裹。使用宠物用皮筋或发夹将包裹好的部位扎好（注意皮筋不能扎得过紧，保证血液流通顺畅），固定 30 分钟。为加快染色速度，可用吹风机加热 10 ～ 15 分钟，在加热时不要让风筒离被毛太近，防止损伤被毛。

（7）其他部位染色。用同样的方法将身体其他部位要染色的被毛分离、刷毛、包裹固定 30 分钟。

（8）冲洗梳理。打开保鲜膜、塑料袋或锡纸，将染色部位用清水冲洗干净或清洗全身。将被毛彻底吹干，梳理通顺。

（9）修整造型。按照设计好的造型，进一步将各部位精细修剪“雕刻”，使染色部位的造型更有立体感。

三、注意事项

（1）染色的宠物最好是白色毛或是浅色毛。

（2）在染色前一定要确保宠物的被毛完全吹干并梳理通顺。

（3）染色膏染出的颜色效果由宠物被毛的底色和毛质决定，实际染出的颜色不一定和色板颜色一样或接近，一定要事先告知宠物主人，以防出现纠纷。

（4）如果全身染色，一般按背部、四肢、尾巴、头部的顺序进行，以防先染头部后，宠物不老实，耳朵乱动，将染料染到其他部位。

（5）为避免色差，最好将所需染色膏的数量一次性准备出来。

（6）有皮肤病或外伤的宠物不能进行染色。

（7）在染色过程中尽量不要染在宠物皮肤上。

（8）如果染料不慎掉在其他部位的被毛上，不要直接用手擦，可涂一些去除液。

（9）涂完染色，一般用塑料袋或保鲜膜包裹四肢，用锡纸包裹背部。用锡纸包裹的部位最好用发夹固定。

（10）扎皮筋时一定要扎在有毛处，不能扎在裸露的皮肤上，并且不能扎得过紧，以免血液不流通，造成坏死。

（11）染何种颜色，除宠物主人的要求外，还取决于季节、性别等因素。

（12）为节约染色膏，可将染色膏直接挤在被毛上，而且每个颜色固定用一把刷子。

（13）宠物在染色后，不能用白毛专用的洗毛液洗澡，以防颜色变浅。

（14）对于个别染色后不开心的宠物，一方面要表扬它漂亮，让它有自信；另一方面要观察它的食欲，测体温，检查是否因为外出洗澡、美容、染色而引起了身体不适。

四、染色用品简介

（一）染色膏

宠物用的染色膏一般是由几种不同颜色的染色膏组成，而且刺激性很小。高质量的染色性能和显色性能让染色膏显现出丰富的色彩，并通过各种不同颜色染色膏的混合可调配出其他颜色，并使宠物被毛更加光亮，不容易起球（图 8–2）。

图 8–2　染色膏

（二）媒介调和膏

媒介调和膏与其他颜色的染色膏混合，可以改变染色膏的透明度和亮度，使宠物染色的色彩更加多样化。媒介调和膏主要是通过与其他彩色染色膏的混合改变染色膏的透明度，使其发生不同变化。

（三）染色颜色对比卡

通过将各种不同基色和无彩色媒介膏配比，调出丰富的色彩，还可以任意控制颜色的亮度和色调，方便美容师观察各种不同颜色的染色膏在混合后呈现的颜色，并可将可能出现的色差情况事先告知宠物主人，避免因染色后出现的色差而引起纠纷。

（四）宠物染色造型图

宠物染色造型图是将宠物染色造型后的一些图片展示出来，为顾客提供一些宠物染色后的效果图，方便顾客选择或根据图片（也可以是顾客提供的图片）来描述自己的要求和想法（图 8–3）。

图 8–3　宠物染色造型图

（五）去除液

去除液可将误染色区域的染色膏清除，以保证染色的效果。

（六）防护膏

在染色前将染色区域和不染色区域的边界用防护膏进行涂抹，可以防止在染色过程中将染色膏染到不需染色的区域。

（七）染色刷

专业的染色刷既能在染色的过程中刷拭上色，也能利用其梳齿的一面在为宠物染色的过程中不断地梳理，保证染色区域的每根被毛都着色，并且染色均匀。另外，染色刷手柄部位圆钝的一端可以用来将染色区与不染色区分开，保证染色时不互相污染（图 8-4）。

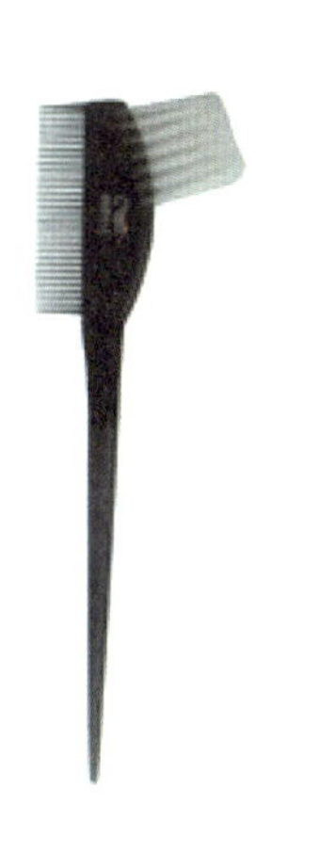

图 8-4　染色刷

（八）染色碗

染色碗是在染色的过程中用来盛装和混合染色膏的工具，为了节约染色膏，最好每种染色膏固定使用一个染色碗（图 8-5）。

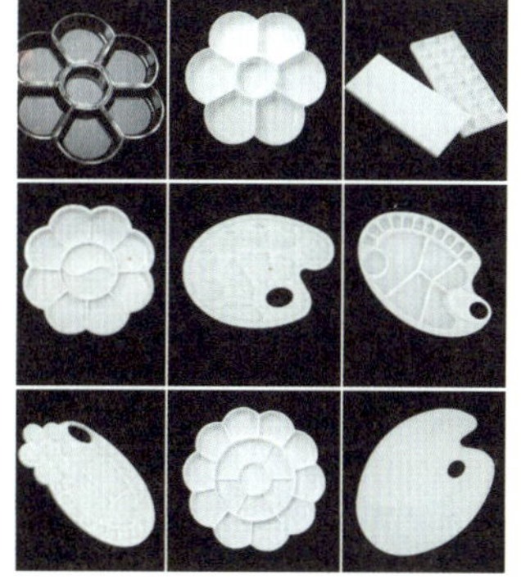

图 8-5　染色碗

（九）其他用品

（1）锡纸：用锡纸将涂抹完染色膏的毛包裹起来，既可减少被毛营养和水分等的丢失，又可更快的使染色膏附着在被毛上（图 8-6）。

（2）保鲜膜或塑料袋：没有锡纸，可用保鲜膜或塑料袋代替，尤其是四肢等用锡纸包裹不方便的部位。

（3）一次性塑料手套：防止染色膏粘在手上。

（4）宠物专用皮筋或发夹：对包裹锡纸或保鲜膜或塑料袋的染色部位起固定作用，松紧适当。

图 8-6　锡纸

五、色彩的基本知识

（一）色彩分类

（1）三原色：色彩中不能再分解的基本色称为原色。颜料三原色为玫红色、黄色、青色（湖蓝色）。

（2）间色：由两个原色混合得到间色。颜料三间色即橙色、绿色、紫色，也称二次色。

（3）复色：颜料的两个间色或一种原色和其对应的间色（红色与绿色、橙色与蓝色、黄色与紫色）相混合得到复色，也称三次色。

（二）色系分类

1. 彩色系

彩色系包括在可见光谱中的全部色彩，它以红、橙、黄、绿、蓝、靛、紫为基本色。彩色系中任何一种颜色都具有三大属性，即色相、明度和纯度。也就是说一种颜色只要具有以上三种属性都属于有彩色系。

2. 无色系

无色系是指由黑色、白色及黑白两色相融而成的各种深浅不同的灰色系列。从物理学的角度来看，它们不包括在可见光谱中，故不能称为色彩。但是从视觉生理学和心理学上来说，它们具有完整的色彩性，应该包括在色彩体系之中。

（三）色彩搭配常识

色彩搭配分为两大类：一类是对比色搭配；另一类是协调色搭配。其中，对比色搭配分为强烈色搭配和补色搭配；协调色搭配分为同色系搭配和近似色搭配。

1. 强烈色搭配

强烈色搭配是指两个相隔较远的颜色配合，如黄色与紫色、红色与青绿色，这种配色比较强烈。在进行色彩搭配时应先衡量一下需要突出哪个部分，不要把沉着色彩搭配在一起，如深紫色与黑色搭配会和黑色呈现“枪色”的后果，会使整体表现显得很沉重、晦暗。一般日常生活中，常见黑、白、灰与其他颜色搭配，黑、白、灰为无色系，无论与哪种颜色搭配，都不会出现大的问题。

2. 补色搭配

补色搭配是指两个相对的颜色配合，如红色与绿色、青色与橙色、黑色与白色等。补色搭配能形成鲜明的对比，有时会收到较好的效果，黑白搭配是永远的经典。

3. 同色系搭配

同色系搭配是指深浅、明暗不同的两种同色系颜色相配，如青色配天蓝色、咖啡色配米色、深红色配浅红色等。

4. 近似色搭配

近似色搭配是指两个比较接近的颜色相配合，如红色与橙红色、紫红色，黄色与草绿色、橙黄色。纯度低的颜色更容易与其他颜色相互协调，增加和谐亲切之感。

六、色彩搭配的配色原则

1. 色调配色

相同性质的色彩搭配在一起，色相越全越好，最少也要三种色相以上。大自然的彩虹就是很好的色调配色。

2. 近似配色

选择相邻或相近的色彩进行搭配。这种配色因为含有三原色中某一共同的颜色，所以很协调，因为色相接近，所以也比较稳定。如果是单一色相的浓淡搭配则称为同色系配色。

3. 渐进配色

按色相、明度、纯度三要素之一的程度高低依次排列颜色。它的特点是，即使色调沉稳，也很醒目，尤其是色相和明度的渐进配色。彩虹既是色调配色，也属于渐进配色。

4. 对比配色

用色相、明度或纯度的反差进行搭配，有鲜明的强弱对比。其中，明度的对比给人明快清晰的印象。一般来说，只要有明度上的对比，配色就不会太失败，

5. 单重点配色

让两种颜色形成面积的大反差。“万绿丛中一点红”就是一种单重点配色。其本质也是一种对比，相当于一种颜色作底色，另一种颜色作图形。

6. 分隔式配色

如果两种颜色比较接近，看上去互不分明，可以靠对比色加在这两种颜色之间增加强度，整体效果就会很协调。最简单的加入色是无色系的颜色以及米色等中性色。

7. 夜配色

高明度或鲜亮的冷色与低明度的暖色配在一起，称为夜配色或影配色。它的特点是神秘、遥远，充满异国情调、民族风情，如翡翠松石绿配黑棕色。

七、色彩搭配的规律

（1）用色独特，个性鲜明。
（2）色彩搭配合理，避免视觉疲劳。
（3）遵循艺术规律，在考虑宠物本身特点的同时进行大胆创新。

八、色彩搭配要注意的问题

（1）一般避免采用单一色彩，如要用单一色彩，则可调整色彩的明暗变化使整体色彩避免单调。

（2）避免色彩杂乱，可采用邻近色达到整体色彩的和谐统一。

（3）以一种颜色为主色调，合理使用对比色点缀，突出宠物特色。

（4）控制色彩数量，避免使用过多颜色，而使宠物染色缺乏协调美感。宠物染色时用色不是越多越好，一般控制在三种色彩以内，通过调整色彩的各种属性来达到较好的效果。

（5）注意色彩的膨胀与收缩。一般情况下，纯度高的颜色带给人膨胀的感觉，纯度低的颜色带给人收缩的感觉；明度高的颜色带给人膨胀的感觉，明度低的颜色带给人收缩的感觉。

考核标准

宠物犬的染色技术考核标准见表 8-1。

表 8-1　宠物犬的染色技术考核标准

序号	项目	考核知识点及要求	考核比例 /%
1	知识	染色工具的种类	10
2		染色的注意事项	10
3		美容工具的使用	20
4	技能	正确使用染色工具	30
5		正确使用染色辅助美容工具	30

单元二　长毛犬养护及包毛技术

一、宠物犬包毛的目的

（1）保养被毛，使被毛顺滑光亮，从而使宠物犬更加漂亮。

（2）防止前额的饰毛进入眼睛。

（3）保持口腔和肛门周围的清洁。

二、包毛用品简介

（1）包毛纸：主要用于保护毛发和造型结扎的支撑（图 8-7）。好的包毛纸应具备透气性好、伸展性好、耐拉、耐扯、不易破裂、长宽适度等特点。包毛纸可分为美式包毛纸和日式包毛纸。美式包毛纸防水性好，但透气性差；日式包毛纸颜色多样，外表美观，但不防水。

（2）橡皮圈：主要用于包毛纸、蝴蝶结、发髻、被毛的结扎固定，以及美容造型的分股、成束（图 8-8）。橡皮圈按材质可分为乳胶和橡胶两种。乳胶橡皮圈不粘毛、不伤包毛纸，但弹性较差；橡胶橡皮圈弹性好、价格低廉，但粘毛。

（3）蝴蝶结：主要用于装饰宠物犬头部的发髻，也可用来装饰短毛犬的两耳根部。

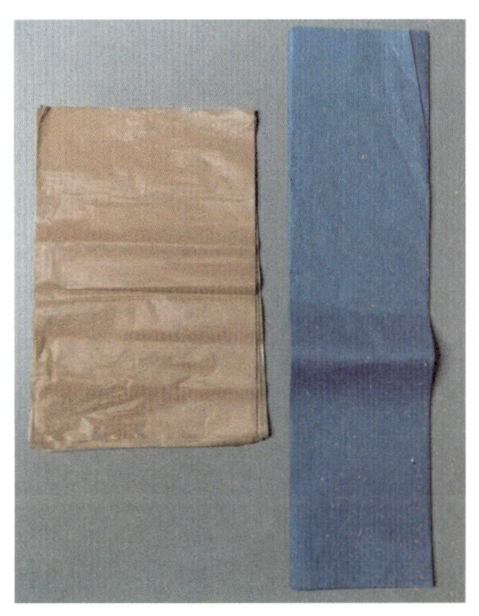

图 8-7　包毛纸

图 8-8　橡皮圈

三、准备工作

（1）动物：白毛模型犬每组 1 只。

（2）工具：排梳、分界梳、鬃毛梳、针梳、包毛纸、护毛剂、皮筋、剪刀等。

（3）给要包毛的宠物犬先做清洁美容。

四、操作方法

（1）与犬适当沟通和安抚后，将犬抱上美容桌，并让犬枕在小枕上，方便包毛工作的进行。

（2）梳理全身毛发，根据毛量和毛的长度确定大概需要包几个毛包。

（3）根据宠物毛发的长度裁好包毛纸，再把两边各折起 3 cm 左右的宽度，底边按 2 cm 的宽度折 3 折，使包毛纸近似直筒形。准备好足够数量的包毛纸，放在一边备用。

（4）从尾巴开始包起，用排梳或分界梳挑起适量毛发梳顺，喷上以 1 : 50 稀释的高蛋白润丝液或羊毛脂，如需参加比赛则要在比赛前 10 天改用植物性润丝乳液（1 : 20 稀释），以减少毛发油质。注意要喷洒均匀，然后用鬃毛刷刷平。

（5）先将毛发夹在包毛纸的对折线中间并用拇指及食指紧紧捏住，以防毛发松动。然后将包毛纸纵向对折直至适当宽度后，把已成条状的包毛纸向后折至适当长度，最后一折向反向折，套上皮筋绑起来，不要绑到尾骨。

（6）包毛后将扎好的毛包整理得工整些，左右轻拉一下，避免里面的毛打结。

（7）用同样的方法将犬背部和颈部左右两侧的毛分成相同的份数（一边 3 ～ 5 份），从后向前分别包好，两侧毛包要对称且大小相近，不会妨碍犬的活动。

（8）肛门下面的毛平分，用分界梳梳出一边的毛，用相同的步骤包毛。屁股左右的毛包好后，确认不会妨碍宠物犬的活动。

（9）后肢上方的毛梳直后按相同的步骤包起来。

（10）包脸上的毛，先从额头包起。脸上的毛不要包得太紧，否则会让宠物犬很不舒服。

（11）脸上的毛包好后再包前胸的毛，按毛量分为若干撮，包起来。

（12）整个身体要根据毛量均匀分区，毛包好后既美观又不影响运动。

（13）宠物犬毛发包好后需每隔 2 ～ 3 天拆开，用鬃毛刷刷过后，再一层层地喷上稀释的乳液，并重新再包起来。

五、注意事项

（1）宠物犬包毛的过程中稳住它的情绪是最重要的，犬一有配合的表现就要及时地给予奖励，以保证包毛顺利进行。

（2）头上的毛包完后应是直立的。

（3）躯体上的毛应顺着毛发生长的方向来包，毛包完后自然下垂，左右对称，分别呈线条状。分层包毛时，层与层之间应是在一个纵排上，排列整齐。

（4）包毛的基本原则是左右对称、大小一致、包紧扎牢，注意选取适当的位置和包裹适当数量的毛，同时不能伤到犬的皮肤和被毛。

（5）包毛时手不能太松，以免脱落；也不要包得太紧，以防拉扯皮肤。

（6）包毛时最好直接用包毛纸把毛包起来，再扎皮筋，而不要先扎皮筋再用包毛纸，最后再用皮筋固定。否则容易把毛弄断或使毛发纠结在一起，而失去包毛的意义。

（7）包毛纸要将整缕毛全部包住，不能露出毛尖。而且要将毛发统一压在包毛纸的对折线处包裹，不能让包毛纸的每一层都夹有毛发。

（8）腿毛由内向外侧包，一般包两个；小腿骨、飞节以下不包。

（9）有些长毛犬，为了不让嘴边的毛影响进食，也为了不弄脏毛发，最好对这部位进行包毛。注意不要将下巴上的毛同时包进去，否则就会张不开嘴。

考核标准

包毛技术考核标准见表 8–2。

表 8–2　包毛技术考核标准

序号	项目	考核知识点及要求	考核比例 /%
1	知识	包毛的注意事项	20
2		辅助美容工具的种类	20
3	技能	正确包毛	30
4		正确使用美容工具	30

单元三　宠物形象设计与服装搭配技术

一、准备工作

（1）动物：宠物犬 1 只。

（2）工具：裁剪刀、碎花布、米尺等。

二、操作方法

（一）测量尺寸

（1）颈围：是指犬的颈部的周长，也就是平时犬戴颈圈位置的周长。这个位置是宠物服饰领口的位置，一般领口测量时放出 1 cm。

（2）胸围：犬胸骨最低处，也就是犬最胖的位置，这里毛厚肉多，所以记录的长度至少比测量值多出 2 ～ 3 cm。

（3）身长（或体长）：从犬的颈后到尾根的长度或肩胛前缘到坐骨突起的直线距离。测量时要保持宠物直立，身体充分展开，这样才能保证测量的准确性。

（4）腿间距：两条前腿根内侧根部之间的距离。

（5）袖长：以肩部算起，进行测量。

（6）肩高（或称耆甲高、体高）：耆甲端到地面的垂直高度。

（7）腰角高：腰角到地面的垂直高度。

（8）腰角宽：两侧腰角外缘之间的直线距离。

（9）荐高：荐骨最高点到地面的垂直距离。

（10）胸深：是指耆甲端到胸骨下缘的直线距离。

（11）胸宽：肩胛后角左右两垂直切线之间的最大距离。

（12）臀端高：坐骨结节上缘到地面的垂直高度。

（13）臀端宽：两侧坐骨结节外缘之间的直线距离。

（14）头长：两耳连线中点到吻突上缘的直线距离（或鼻尖到头顶的直线距离）。

（15）最大额宽：两侧眼眶外缘之间的直线距离。

（16）管围：左前肢前臂骨上 1/3 最细处的水平周径（或前肢管部最细处的周径）。

（17）背长：颈椎末端到尾根的长度。

（18）腰围：围绕腰部最细处一周的长度。

（19）胯裆长：从腰围的背部测量处绕经臀部到腹部腰围外的长度。

（20）体重：早晨空腹时身体的重量。它对小型犬的估价极为重要。

（二）选择设计服装的布料

宠物犬的服装要设计合理，不能影响其行动，最好选择开扣的设计，既容易脱穿，也使犬跑起来不容易挣开。另外，开档也要合理，一般选择松紧设计，这样犬行走时才会自如。作为宠物服饰的布料要选择触感柔软、穿起来舒适美观的布料，同时还需要选择伸缩性好的布料。

（1）适合使用的布料：针织佳积布、羊毛布、棉布、条纹粗棉布（如牛仔布）。

（2）不适合使用的布料：洗过会缩水的布料、坚硬的合成布料、易勾住爪子的布料、化纤布料、易褪色布料。

（三）选择宠物服装款式

1. 根据给宠物犬穿服装的目的选择服装款式

为满足不同目的，服装款式也不同，冬季的服装要保暖，一般遮盖的面积就要比较大且贴身；为庆祝节日或参加一些活动，服装就要选择颜色亮丽、款式独特的；为防雨，服装就要选择能遮雨且较宽松的。

2. 根据宠物犬的品种、年龄选择服装款式

不同品种犬在性格、体型等方面有一定的差异，所以要根据实际情况为其挑选合适款式的服装。

（四）裁剪制作

将选择好的布料按照测量的尺寸裁剪出所需的款式，再用机器或手工缝制起来，即做好一件舒适的服装。

三、注意事项

（1）面料选择上要选择适合宠物服饰的面料。

（2）尺寸测量时要留出适当的尺寸。

（3）选用合身的衣服，以宽松款式为好。

（4）制作好的服装要舒适、适用。

（5）选用纯棉、纯毛之类天然的面料，以避免宠物犬出现皮肤过敏、瘙痒等情况，而且可减少静电对宠物犬皮毛的伤害。

（6）应尽量缩短穿戴时间，勤换洗，不能与人的衣物一同洗涤，否则易引发一些传染病。

学习小结

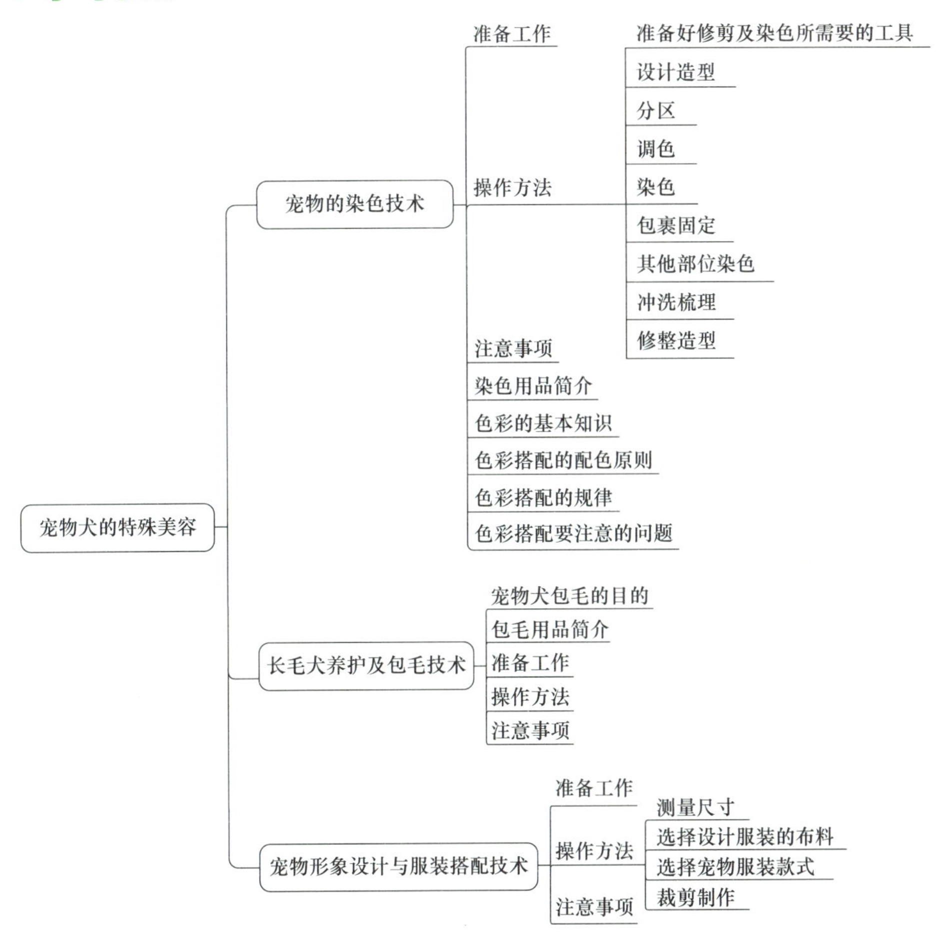

思考题

1. 简述宠物染色的注意事项。
2. 简述宠物包毛的注意事项。

第九章 从业人员教程

知识目标

1. 熟悉宠物店工作流程。
2. 掌握从业人员的职业要求。

能力目标

1. 能够正确完成宠物店的各个流程。
2. 能够正确掌握职业技能划分。

素质目标

1. 热爱宠物美容行业。
2. 树立正确的自我防护观念。

单元一 宠物护理与美容从业人员的职业要求

一、职业形象

一名合格的宠物护理与美容从业人员，在工作时不管从着装还是言谈举止，都有标准要求，这样不仅有利于宠物护理与美容工作的开展，还可以给顾客留下专业的职业形象。从业人员的着装要求如下：着装简单、简洁、合体，避免过于烦琐。鞋子为全包平底鞋，不得露出脚趾；工作时应穿工服，工服一般是带有两个大口袋、没有任何标记的围裙，工服要保持干净、整洁、无异味，没有污渍；需戴口罩；手指至手臂处不可佩戴任何饰品或物品；指甲剪短，保持洁净，不能涂指甲油或装美甲。长发者（及肩）需盘扎，刘海超过眉毛者需用发夹固定；男士不蓄发，不留胡须（图 9-1）。

二、职业技能等级划分

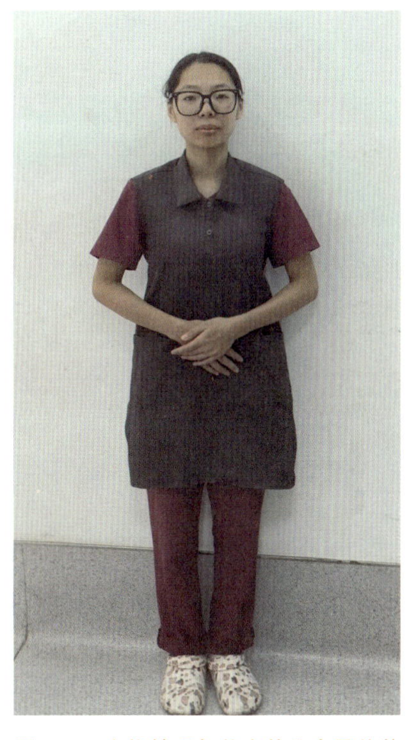

图 9-1　宠物护理与美容从业人员着装

宠物护理与美容职业技能等级分为初级、中级、高级三个等级。三个级别逐次递进，高级别涵盖低级别职业技能要求。

1. 初级

根据宠物基础护理、洗护、美容流程的要求，熟知宠物的身体结构、生活习性及性格特点，熟练掌握宠物护理与美容的基础知识，独立完成宠物基本造型等护理与美容服务项目作业，保持宠物的清洁卫生，维持宠物的健康。

2. 中级

根据业务的要求，能独立完成宠物的洗护并保持宠物的清洁卫生，能独立熟练完成宠物生活装造型、专业装造型等护理与美容服务项目作业，使宠物与社会理念相融合，根据顾客需求，进行宠物造型设计并对初级美容助理能实施培训和指导。

3. 高级

根据业务的要求，能通晓并独立完成宠物的赛级装造型修剪技术作业，能独立完成宠物临床护理技能的基本操作，对纯种犬血统认证及品种鉴定有相当造诣，能与顾客保持长久联系并形成相互交流传递宠物知识，能对初、中级人员实施培训和指导，并能对宠物行业趋势和宠物市场供求情况做出分析判断。

三、职业素质

（1）热爱本职工作，有爱心，喜欢动物，能全身心投入工作；熟练掌握各项操作技能，不断学习；了解宠物行业的相关知识，具有完善的知识体系。

（2）微笑面对顾客，不与顾客发生冲突；工作有耐心，不虐待宠物；消毒用品摆放在指定区域，给美容桌喷洒消毒液消毒；服务过程中必须手不离宠物，不可让宠物单独等待；与宠物互动时应蹲下，随身携带零食包；随时清理宠物粪便，即时喷洒消毒液；同事之间要团结互助；服务结束交付时，小型犬需抱着交给主人，大型犬必须佩戴牵引绳，交付给主人后方可摘除。

单元二　宠物店工作流程

一、宠物店的定义

宠物店是指专门提供宠物用品零售、宠物护理与美容、宠物寄养、宠物活体销售的场所，不进行宠物医疗活动。其经营项目一般包括宠物用品超市、活体销售、宠物护理与美容、宠物寄养、宠物乐园、宠物摄影及宠物待产养护等。

二、营业前准备

（一）进店流程

从业人员上班时的精神状态和服装仪容非常重要，上班之前要提早准备，按时按规定进入工作状态。进店流程如下：

当店内有犬、猫等宠物寄养时，要随时注意出入口，防止宠物跑丢，一旦跑丢后果很严重。进店后要换上工服和工鞋。工服要保持干净整洁，避免给顾客留下不好的印象。为避免妨碍工作，需要将头发梳理整齐。长发或刘海过长，要用橡皮筋扎起。戒指、项链、耳环等首饰要全部取下，防止在护理与美容操作中接触宠物，各种首饰有可能会不小心勾到宠物的脚、趾甲、被毛等，造成意外。指甲要经常剪短，将尖角磨平，防止划伤宠物或使自己受伤，不要涂指甲油。晨会会议一切准备就绪，确认一天的作业流程，纸、笔、便签随时备用，以便记下当天要做的事情。

（二）店内清扫流程

（1）开始打扫前，不管是冬天还是夏天，第一件事情是打开窗户和换气风扇进行店内换气，快速消除店里的异味。

（2）用吸尘器清理地板和各个角落。使用吸尘器清理地板，可以去除细小的灰尘和毛屑，地板上放置物品时，尽可能将物品移开清理，不要遗漏。

（3）首先是配制消毒液。多数店铺是将杀菌力强的含氯消毒液稀释后使用，也可使用不同的药剂，但需依照正确的方法使用。其次是用消毒液拖地。可以将拖把直接浸泡在消毒液中使用，也可用喷雾器直接将消毒液喷洒在地板后再用拖把擦拭。

（4）其他地方清扫。清扫门店入口、擦拭玻璃、整理店内展架等，保持干净。

（三）工具设备的清洗

1. 污物洗涤流程

（1）清洗毛巾并烘干。使用过的毛巾堆积到某种程度，要放入洗衣机中清洗。患有皮肤病的宠物使用过的毛巾要先用消毒液浸泡后再单独清洗。采用日晒或烘干机烘干等方式，清洗和烘干过程中可进行其他操作，但要注意不要将清洗好的物品长时间留在洗衣机里。

（2）毛巾放置。确认毛巾完全干了之后，要按照店里统一折叠方法叠好收到固定的位置，保持随时有干净的毛巾可用。

2. 宠物笼的清洁

（1）取出垫子时，要防止宠物从笼子里跑出来，可将笼子里的宠物先行移至其他地方。

（2）喷洒消毒液，将消毒液按正确的比例稀释后使用。

（3）喷洒过消毒液的笼子内部用抹布仔细擦拭，避免污垢或毛屑等的残留。

（4）清洗托盘，取出时注意避免排泄物泄漏，倒掉托盘中的排泄物后，使用鬃毛刷和海绵等清洗干净，擦干后还原。

（5）将垫子四周折入地板下方，确定新垫子要覆盖到底板的每个角落，以免宠物将铺垫弄散或皱成一团，然后将宠物放回笼子里。

3. 携带式宠物箱的清洁

（1）用热水消毒笼架，笼架上如果粘有污垢，要用水清洗干净。

（2）喷洒消毒液，取出笼架时，注意避免烫伤，轻轻抖干后，整体喷洒消毒液。

（3）将水擦拭干净，把宠物放回。仔细擦拭笼架各部位，装上已经洗净、擦干的托盘，在底板上铺好干净的新垫子，将宠物放回箱子。

三、营业后的工作流程

（一）宠物接收

当顾客到达店铺，从业人员准备接收宠物时，需要按照一定的步骤和程序进行。

1. 进入宠物评估区域

（1）使用牵引绳。顾客进入店铺，接待人员将其带到专门为宠物进行检查的区域，让宠物主人将牵引绳交给工作人员。宠物主人如果没有提供牵引绳，必须将店里的牵引绳借给宠物主人。

（2）检查区域。检查评估宠物的地方应该能让护理与美容工作人员方便接近宠物，并避开其他进入店铺的顾客及宠物，在理想状态下，如果有足够的空间，评估区域应该有一张带有吊杆和吊绳且高度可调节的桌子。

（3）评估工具。桌子是护理与美容前检查评估宠物的必备用具。如果不用桌子，而让宠物站在地板上，人俯身去接触它时可能带有危险。如果主人抱着宠物，工作人员尝试去检查宠物的时候，宠物同样会认为是在侵犯它的主人，而做出保护性攻击。

2. 迎接宠物

（1）从宠物进入店里开始，护理与美容工作人员需要一直保持冷静，用轻轻的、安慰的语气轻声呼唤宠物的名字。与此同时，宠物开始解读人的情绪，看对自己是否友善，并决定是否配合工作人员。

（2）当开始工作时，要确保宠物的头部无法咬人。严禁将脸贴近宠物的脸，那样可能会被犬误解为一种威胁或挑衅。

（3）面对胆怯或好斗的宠物，可以将头稍微转向一边，不要与之直视，这样做容易减少对犬的威胁。

（4）对于表现出攻击性或胆怯的小型宠物，可用牵引绳把宠物的头向前拉，用另一只手把宠物的身体抬起，将宠物放在桌上并在其脖子上套上吊绳。

（5）针对大型有攻击性的宠物，为有助于其保持冷静，可以让宠物主人帮助把它放到桌子上，并套上吊绳。

（6）不要俯视宠物，更不要从宠物的头顶上方触摸。

（二）护理与美容操作

（1）服务前体检。一般检查时应关注宠物身体是否健康，观察其精神状态、营养状况、呼吸等生理指标，更着重检查宠物的毛发是否达到美容造型标准。

（2）登记。经检查不符合美容条件的宠物，不予登记，若宠物主人强烈要求，必须签订相关宠物护理与美容风险协议。

（3）美容室操作。护理与美容前再次检查并进行具体操作，对护理后的宠物进行造型修剪。

（4）主管检查。护理与美容师操作完成后，必须由主管或分管人员再检查一遍，如不符合要求，需要重新操作直至合格。

（5）通知顾客领回，并将宠物放入安全干净的笼中等待。等待过程中防止出现意外。

（三）发生问题时的处理

进行宠物护理与美容时，因为一些特殊的原因，可能会造成某些涉及法律问题无法做过失决断而引发的纠纷，所以在服务之前必须对此有所准备，这是宠物护理与美容一项非常重要的工作内容。

（1）签署美容协议。把每项可能需要服务的内容要求等填写清楚让顾客签字，这样就可以在需要时随时拿出免责表格和顾客沟通，避免在出现意外情况时承担不必要的责任。表格不建议统一复制或自行编造，而要根据宠物个体服务内容的不同逐一定制。美容协议（图 9–2）的内容包括：

1）健康情况检查。检查过程中如发现疮、红斑、囊肿、瘢痕、溃疡、结节、因啃咬身体或尾巴而过敏、手术切口、跛行等问题，第一时间通知宠物主人知晓。建议宠物美容转医疗机构，让医生进一步分析判断是否适合美容。

2）老龄宠物健康。老龄宠物可能存在心脏病、糖尿病、癫痫、皮肤疾病或耳部感染等问题，这些疾病在一定程度上影响宠物健康，甚至在美容过程中会出现意外，所以遇到这样的宠物必须事先跟主人沟通清楚，签署美容免责协议。

3）个性化造型需求。有些顾客会对宠物的美容造型提出个性化的风格要求，而根据护理与美容师的美容经验及思维方式，这种风格可能并不适合该宠物。这时候可以让顾客将他们想要对宠物做的美容要求详细描述下来并签字，这样顾客不会因为事后不喜欢这样的造型而追究护理与美容师的责任。同时免责协议需要说明主人需要承担宠物特殊造型要求可能产生的额外费用。

服务前检查

★ 两月龄以下和老龄宠物，或年龄不详的宠物
★ 未免疫或者不全及信息不详的宠物
★ 有心脏病、癫痫、骨折、肝肾疾病既往史的宠物
★ 围产期、妊娠期、身体过于肥胖的宠物

说明：有以上情况的宠物洗浴存在风险，不建议基础洗浴，可选择护理级洗浴，且必须签订相关风险协议。

<table>
<tr><td>皮肤:</td><td colspan="2">耳朵:</td><td>口色:</td><td>眼睛:</td></tr>
<tr><td>鼻子:</td><td colspan="2">肛门:</td><td>四肢:</td><td>生殖器:</td></tr>
<tr><td>足部:</td><td colspan="2">呼吸:</td><td>毛发:</td><td>体温:</td></tr>
<tr><td colspan="4">说明:</td><td>检查人:</td></tr>
<tr><td colspan="5">宠主&宠物信息</td></tr>
<tr><td>宠主姓名:</td><td colspan="2"></td><td>宠物品种:</td><td></td></tr>
<tr><td>宠主电话:</td><td colspan="2"></td><td>宠物性别:</td><td></td></tr>
<tr><td>宠物毛色:</td><td colspan="2"></td><td>宠物昵称:</td><td></td></tr>
<tr><td colspan="3">项目</td><td colspan="2">合计收费</td></tr>
<tr><td>基础</td><td>功能</td><td>SPA</td><td rowspan="2">原价:</td><td rowspan="2">实收:</td></tr>
<tr><td>造型</td><td colspan="2">其他</td></tr>
<tr><td colspan="5">备注:</td></tr>
<tr><td colspan="2">等待中:</td><td colspan="2">服务中:</td><td>服务毕:</td></tr>
<tr><td>美容师签字</td><td colspan="4"></td></tr>
</table>

图 9-2　宠物护理与美容检查表

服务后检查

肛门	清洁干净、无异味		( )
生殖器	清洁干净、无异味		( )
四肢	腋下清洁干净、干燥、无异味		( )
耳朵	棉花取出、无异味、清洁干净		( )
眼睛	清洁干净、无眼屎、眼睛内无毛且不红		( )
	眼睛周围毛发修剪整齐		( )
皮毛	毛根干燥、毛发蓬松、梳理整齐		( )
	清洁干净、无异味、散发自然香气		( )
足部	指甲剪整齐、磨光滑		( )
	指缝间清洁干净干燥		( )
	脚底毛脚边毛修剪整齐		( )
服务后检查人签字		是否已接走:	

客户满意度调查

满意度调查项目		满意（√）	较满意（√）	一般（√）	不满意（√）
您是否对本次服务质量满意?					
宠主签字		日期			

图 9-2　宠物护理与美容检查表（续）

（2）在宠物护理与美容过程中，一旦出现意外事故，这时候要立刻停止操作并向主管报告。如果宠物受伤，除了做伤口的紧急处理外，要根据受伤程度决定是否送至宠物医院处理。处理好宠物后，不管实际情况如何，都要联络宠物主人告知实情，并诚心实意地赔礼道歉，不可试图隐瞒或欺骗，这样只能使事情变得更糟。真心实意地向顾客道歉、解释协商达成一致是解决问题的最好办法。

四、主要工作内容

（一）遛犬

对于在店内寄养的犬或是店内饲养的犬，每天必不可少的工作就是进行遛犬。遛犬时最重要的一条是避免让宠物跑丢。因此，外出时一定要为宠物系上牵犬绳。遛犬时除了保护犬的安全，还必须注意犬排便之后的卫生处理等。

遛犬基本步骤如下：

（1）检查寄宿在店里的宠物，需要一只一只的确认它们的精神状态、营养状态及运动状态等是否正常，有没有大小便、身体是否干净等。仔细观察，一旦发现问题，立刻进行记录。

（2）对于发现的问题，要一边确认笔记，一边将必要事项填入店内规定的笔记或病历卡上。记录内容除了排泄物的状态和宠物身体状况之外，观察到的其他问题也要详细记录。

（3）检查过程中一旦发现宠物的状态不对，千万不能放任不管或自行判断进行处理。要尽快找主管商量，听从指示进行处理。

（4）散步前为宠物带上项圈和牵犬绳。在店内寄养的犬，应避免和其他宠物接触，应单独带出去散步，以预防传染病和受伤。将被带出去散步的犬从笼子里放出来时，要小心为它们戴上项圈和牵犬绳，防止逃跑。散步时除了顾客原有的牵犬绳外，最好再多系一条备用牵犬绳，并将两条绳子一起握紧。牵遛过程中尽量避开人流、车流大的区域，防止发生咬伤、撞伤等意外情况。

（5）外出遛犬。

1）走到车流量大的地方，要注意来往各种车辆，将牵犬绳拉短，人要走在靠车道的一侧，以保护宠物的安全。

2）处理排泄物。如果宠物习惯在外面排便，要选择不会对附近住户造成困扰的地方让其排泄。出去散步时，一定要准备排泄处理袋和卫生纸，收拾排泄物。外出散步时要带着装有消毒液（将含氯消毒液等用水稀释而成）的喷壶，当宠物排便时，需要对排泄物喷洒一些消毒液。

3）室内活动。当天气不好或对象是幼犬或老年犬时，要改在室内活动。视线不能离开宠物，防止它们逃走。

（二）喂食

（1）确认病历卡。检查每只宠物的病历卡，确认是否有指定的食物或处方食品。不可仅凭记忆喂食，以免出现差错。

（2）计算食量。给宠物吃什么食物，都必须事前跟顾客确认。如果顾客没有特别指定，就按照店内指定的饲料喂食。在为宠物准备饲料时，注意每只宠物所需的饲料种类和饲喂量，以店内规定的方法正确计量后给予。

（3）个性喂食。在给予宠物食物和水时，可同时给予，也可待其吃完食物后再给水，根据不同店里的规定可有所不同。将餐碗放入笼内时，要注意开关门时防止宠物出逃等意外发生。

（4）收拾餐碗。宠物吃完食物应立刻收回餐碗，清洗擦拭干净后收到固定的地方。如发现有食物剩余太多等异常情况，立刻向主管报告。

（三）闭店

闭店时的作业流程和开店前基本一样，需要做店内清扫和照顾宠物等工作。

学习小结

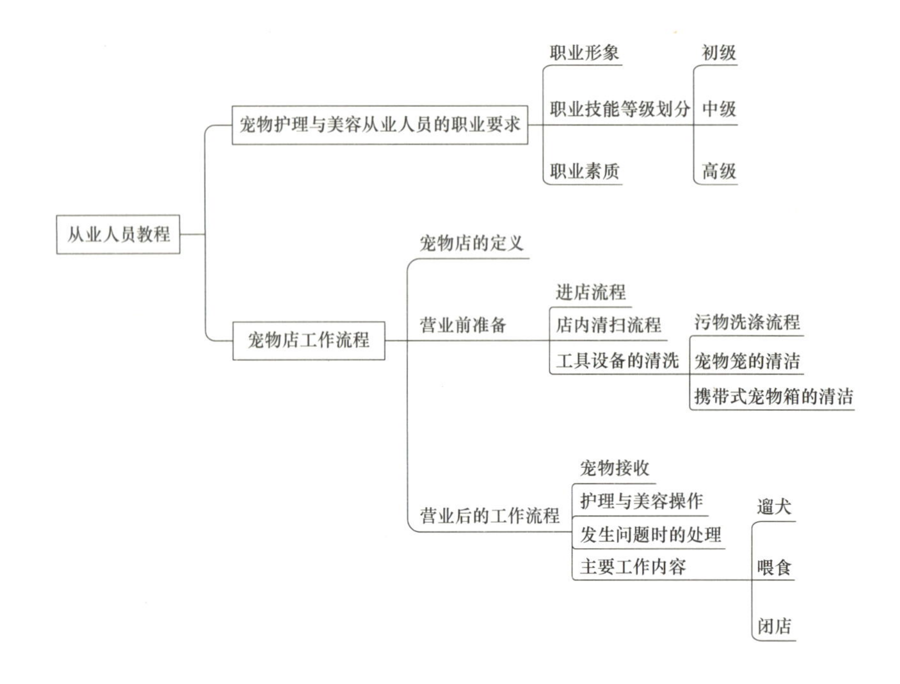

思考题

1. 简述牵遛犬过程中的注意事项。
2. 简述宠物美容与护理过程中发生纠纷如何处理。

附录　宠物护理与美容职业技能等级标准（2021 年 4.0 版）

宠物护理与美容职业技能等级标准（2021 年 4.0 版）

名将宠美教育科技（北京）有限公司　制定
2021 年 11 月 修订

目次

前　言

本标准按照 GB/T 1.1-2020《标准化工作导则 第 1 部分：标准化文件的结构和起草规则》的规定起草。

本标准起草单位：名将宠美教育科技（北京）有限公司、中国畜牧业协会、江苏农牧科技职业学院、山东畜牧兽医职业学院、甘肃农业大学、黑龙江八一农垦大学、江苏农林职业技术学院、黑龙江农业经济职业学院、上海农林职业技术学院、辽宁农业职业技术学院、湖北生物科技职业学院、福建农业职业技术学院、重庆三峡职业学院、辽宁生态工程职业学院、广西职业技术学院、娄底职业技术学院、温州科技职业学院、江西生物科技职业学院、广东农工商职业技术学院、贵州农业职业学院、铜仁职业学院、遵义职业技术学院、广西农业职业技术学院、周口职业技术学院、江西农业工程职业学院、宜宾职业技术学院、西安职业学院、成都农业职业学院、晋中职业技术学院、玉溪农业职业技术学院、辽宁省农业经济学校、台湾大仁科技大学、台湾美和科技大学、湖北武汉优品道宠物美容师培训机构。

本标准主要起草人：何新天、殷成文、王武、林威宜（中国台湾）、李朝顺（中国台湾）、张雅如（中国台湾）、许锋、王丽华、王宝杰、朱孟玲、姜鑫、郑江平、韩云珍、孙秀玉、陈思海、李嘉、陈文钦、徐茂森、朱锋钊、王振华、储玉双、刘欣、高凤磊、朱梅芳、李浪、李云、陈颖铌、张研、邓位喜、尧国荣、房新。

1. 范围

本标准规定了宠物护理与美容职业技能等级对应的工作领域、工作任务及职业技能要求。

本标准适用于宠物护理与美容职业技能培训、考核与评价，相关用人单位的人员聘用、培训与考核可参照使用。

2. 规范性引用文件

下列文件对于本标准的应用是必不可少的。凡是注日期的引用文件，仅注日期的版本适用于本标准。凡是不注日期的引用文件，其最新版本适用于本标准。

《中国畜牧业协会团体标准和编写指南》

《宠物驯导师国家职业标准（试行）》

NY/T 2143—2012 宠物美容师

NY 1870—2010 纯种犬预审稿

《American Kennel Club Dog Breed Standard》（美国犬业标准）

3. 术语和定义

《中国畜牧业协会团体标准和编写指南》、NY/T 2143—2012 宠物美容师和 NY 1870—2010 纯种犬预审稿界定的以及下列术语和定义适用于本标准。

3.1　宠物护理与美容（Pet Caring and Grooming）

指使用工具及辅助设备，对各类宠物（可家养的动物）进行毛发（羽毛）、指爪、耳朵、眼睛、口腔等部位的清洁、修剪、造型及染色的过程。宠物的美容与护理不但能美化宠物外观，而且还能起到对宠物保健的作用，此外还应规范宠物的一些不良行为。

3.2　宠物保定（Pet Handling and Control）

指在保护好自身与宠物的前提下将宠物妥善控制，使其能够安全、稳定的接受宠物护理与美容的操作处置。宠物保定是宠物护理与美容中重要的一环，如果不能控制宠物，对其进行护理和美容将会非常困难。掌握宠物保定技术，不仅可以保证宠物的稳定，同时还将大大提升宠物从业人员工作操作的安全性。

3.3　宠物标准（Pet Standard）

指根据宠物的种类，对宠物特征规定描述的集合。宠物标准根据宠物的整体外观，头部、身体、动态、性情几方面，描述了每个部位的理想状态，还明确了常见的缺陷和问题。宠物标准将依据人类的寻求不断变化，通过总结目前改良繁殖、基因强化的趋势，描述出更符合人类要求的宠物。

3.4　宠物血统证书（Certified Pedigree）

指通过基因检测，确定宠物的家族血统信息并记录在案的证明。证书上的信息一般包括宠物的注册姓名、品种，性别、出生日期、颜色，以及植入的芯片号，由于发证机构不同，信息也将有细微差异，一般还包括宠物一直三代的家族谱系，以及宠物的繁殖者、所有者、颁发日期，以及办法机构的徽章。

4. 适用院校专业

（1）适用院校专业（参照原版专业目录）：

中等职业学校：宠物养护与经营、畜牧兽医、特种动物养殖等专业。

高等职业学校：宠物养护与驯导、宠物训导与保健、宠物临床诊疗技术、畜牧兽医、动物医学、动物药学等专业。

应用型本科学校：动物科学、动物医学、动物药学等专业。

（2）适用院校专业（参照新版职业教育专业目录）：

中等职业学校：畜禽生产技术，特种动物养殖，宠物养护与经营等专业。

高等职业学校：畜禽智能化养殖，特种动物养殖技术，宠物养护与驯导，动物营养与饲料，畜牧兽医，动物医学，动物药学，宠物医疗技术等专业。

高等职业教育本科学校：现在畜牧，动物医学，动物药学，宠物医疗等专业。

5. 面向工作岗位（群）

宠物护理与美容职业技能等级标准，主要针对宠物店、宠物美容培训机构、犬舍、宠物医院、宠物饲料企业、宠物医药企业、宠物媒体、宠物训练学校等企业或机构，面向宠物服务行业的宠物健康护理、宠物驯导、宠物美容等职业岗位，按技能难度等级从事宠物护理与美容、繁育与饲养、宠物用品研发、销售与管理的技术技能人才。

6. 职业技能要求

6.1　职业技能等级划分

宠物护理与美容职业技能等级分为三个等级：初级、中级、高级。三个级别逐次递进，高级别涵盖低级别职业技能要求。

【宠物护理与美容】（初级）：根据犬、猫基础护理、洗护、美容流程的要求，熟知犬、猫的身体结构、生活习性及性格特点，熟练掌握宠物护理与美容的基础知识，独立完成宠物基本造型等护理与美容服务项目作业，保持宠物的清洁卫生，维持宠物的健康。

【宠物护理与美容】（中级）：根据业务的要求，能独立完成宠物的洗护并保持宠物的清洁卫生，能独立熟练完成宠物生活装造型、专业装造型等护理与美容服务项目作业，使宠物与社会理念相融合，根据客户需求，进行宠物造型设计并对初级美容助理能实施培训和指导。

【宠物护理与美容】（高级）：根据业务的要求，能通晓并独立完成宠物的赛级装造型修剪技术作业，能独立完成宠物临床护理技能的基本操作，对纯种犬血统认证及品种鉴定有相当造诣，能与客户保持长久联系并形成相互交流传递宠物知识，能对初、中级人员实施培训和指导，并能对宠物行业趋势和宠物市场供求情况做出分析判断。

6.2　鉴定考试办法

6.2.1　参考申报条件

1. 初级

（1）中等职业学校相关专业在校生，或非相关专业在校生完成初级宠物护理与美容职业技能培训（理实一体 64 学时）后可报考初级证书。

（2）行业从业人员：具有宠物护理与美容 3 年相关工作经验且完成初级宠物护理与美容职业技能培训（理实一体 64 学时），或拥有中专以上文凭且完成初级宠物护理与美容职业技能培训（理实一体 96 学时），或完成初级宠物护理与美容职业技能培训（理实一体 128 学时）。

遵纪守法并符合以上条件之一者可申报本级别证书。

2. 中级（凡遵纪守法并符合以下条件之一者可申报本级别）

（1）高等职业学校相关专业在校生，或非相关专业在校生完成中级宠物护理与美容职业技能培训（理实一体 64 学时）后可报考中级证书。

（2）行业从业人员：具有宠物护理与美容 4 年相关工作经验且完成中级宠物护理与美容职业技能培训（理实一体 128 学时），或拥有中专以上文凭且完成中级宠物护理与美容职业技能培训（理实一体 192 学时），或完成中级宠物护理与美容职业技能培训（理实一体 256 学时）。

遵纪守法并符合以上条件之一者可申报本级别证书。

3. 高级（凡遵纪守法并符合以下条件之一者可申报本级别）

（1）高等职业教育本科学校相关专业在校生，或非相关专业在校生完成高级宠物护理与美容职业技能培训（理实一体 32 学时）后可报考高级证书。

（2）行业从业人员：具有宠物护理与美容 5 年相关工作经验且完成高级宠物护理与美容职业技能培训（理实一体 192 学时），或拥有高中以上文凭且完成高级宠物护理与美容职业技能培训（理实一体 288 学时），或完成高级宠物护理与美容职业技能培训（理实一体 384 学时）。

遵纪守法并符合以上条件之一者可申报本级别证书。

6.2.2　考试科目及权重

1. 宠物护理与美容职业技能等级证书考核分为理论知识考试和技能操作考核两部分。

2. 理论知识考试实行统一大纲、统一命题、统一组织的考试制度，通过互联网在计算机上进行考核，标准分为 100 分，60 分为合格。

3. 技能操作考核通过现场实际操作方式进行，标准分为 100 分，60 分为合格。

4. 所有等级证书均需要进行理论知识与技能操作两部分的考核，理论知识考试占总分的 20%~40%，专业技能考核占 60%~80%，总分 60 分以上为合格，成绩合格的考生可以获得职业技能相应级别证书。考核权重见表 1。

5. 考核顺序是先进行理论知识考核，成绩合格后方能参加技能操作的考核；不合格不能参加技能操作的考核，需重考。如果理论知识合格，技能操作不合格，理论知识成绩可保留一年。

表 1　宠物护理与美容职业技能等级考评权重表

科目	初级 /%	中级 /%	高级 /%
理论知识	40	30	20
技能操作	60	70	80

6.3 职业技能等级要求描述

宠物护理与美容职业技能等级要求（基本要求）见表 2。

表 2 宠物护理与美容职业技能等级要求（基本要求）

工作领域	工作任务	职业技能要求
1. 职业道德与修养	1.1 职业道德和职业守则认知	1.1.1 能根据职业道德的知识，解释职业道德的定义和意义。 1.1.2 能根据职业守则的知识，自觉遵守中国宠物行业基本公约，保障宠物的福利
	1.2 个人素养	1.2.1 能根据职业礼仪的要求，工作时的着装和发型要符合要求。 1.2.2 热爱宠物行业，喜欢动物，能对宠物有爱心、耐心和责任心，不能滥用诱物。 1.2.3 能在技能考试时以适当的行为举止对待宠物犬只。 1.2.4 能在考试时礼貌地对待考评员
	1.3 自我管理	1.3.1 能根据服务心理的相关知识，与客户进行良好沟通，接受客户的信息与评价。 1.3.2 具有一定的判断能力、语言表达能力，色、嗅、触感官灵敏
2. 基础知识	2.1 宠物基础知识	2.1.1 能了解宠物的概念及分类。 2.1.2 能了解宠物发展史及相关宠物组织。 2.1.3 能了解宠物的品种及品种标准。 2.1.4 能了解宠物护理与美容的历史、宠物美容对宠物本身的影响及改变。 2.1.5 能了解牵犬技术与赛场知识
	2.2 宠物专业知识	2.2.1 能了解宠物行为学的基础知识。 2.2.2 能了解宠物解剖学的基础知识。 2.2.3 能了解宠物的繁殖、饲养、疾控基础知识。 2.2.4 能了解宠物美容比赛评定规则
	2.3 安全与环保知识	2.3.1 能了解接触陌生宠物的基本知识。 2.3.2 能了解犬（猫）舍的设计，并熟知环境卫生管理。 2.3.3 能了解环境保护相关知识
	2.4 经营管理知识	2.4.1 能了解宠物店铺的经营与管理基础知识。 2.4.2 能了解宠物商品学基础知识。 2.4.3 能了解营销学及销售心理学基础知识
	2.5 法律知识	2.5.1 能了解动植物检疫法相关知识。 2.5.2 能了解卫生防疫法规相关知识。 2.5.3 能了解所在地养犬管理相关规定。 2.5.4 能了解野生动物保护法的相关知识。 2.5.5 能了解消费者权益保护法的相关知识

宠物护理与美容职业技能等级要求（初级）见表 3。

表 3　宠物护理与美容职业技能等级要求（初级）

工作领域	工作任务	职业技能要求
1. 制定宠物美容方案	1.1 评估宠物	1.1.1 能对宠物的价格、品种、品相等进行认定。 1.1.2 能对宠物的体型、外貌和健康状况做出初步评估
	1.2 建立档案	1.2.1 能根据宠物的自身条件提供美容建议，与客户达成宠物美容形象定位。 1.2.2 能建立宠物的基础档案
2. 宠物识别与饲养	2.1 宠物品种与标准	2.1.1 能了解常见宠物品种，即犬、猫、兔、龟、鸟等品种的特性。 2.1.2 能了解“犬”是家庭宠物的代表品种，能掌握普通犬种的标准。 2.1.3 能掌握比赛或考核的犬只分组，即贵宾组、剪毛组、拔毛组、猎犬组。 2.1.4 能辨别贵宾组犬种：玩具贵宾犬、迷你贵宾犬。 2.1.5 能辨别剪毛组犬种：比熊犬、西施犬、北京犬、博美犬、马尔济斯犬。 2.1.6 能辨别拔毛组犬种：迷你雪纳瑞、标准型雪纳瑞、西高地白梗。 2.1.7 能辨别猎犬组犬种：可卡犬
	2.2 宠物生理结构识别	2.2.1 能了解犬只、猫的肌肉及骨骼，皮毛护理、毛流走向、牙齿口腔结构。 2.2.2 能认识犬只和猫的各部位名称，并会使用方位术语。 2.2.3 能掌握犬只、猫的解剖结构图
	2.3 宠物饲养与繁殖	2.3.1 能了解宠物的喂养知识，掌握宠物的营养需求和饲料配制。 2.3.2 能了解宠物的繁育及纯种犬的血统登录知识
3. 宠物的护理	3.1 宠物护理基础	3.1.1 能了解宠物的基础生命特征检测的理论知识。 3.1.2 能了解动物水合状态检测的理论知识。 3.1.3 能了解各形态药物投喂的理论知识
	3.2 宠物临床护理基础	3.2.1 能了解皮下、肌肉、静脉注射技术的理论知识。 3.2.2 能了解外伤处理原则及小外伤处理的理论知识。 3.2.3 能了解术前术后护理的基础知识
	3.3 宠物临床影像学基础	3.3.1 能了解门诊检测影像学的基础知识。 3.3.2 能了解显微镜使用的基础知识
	3.4 宠物的特殊护理基础	3.4.1 能了解妊娠犬的基础护理知识。 3.4.2 能了解幼犬的基础护理知识。 3.4.3 能了解老年犬的基础护理知识

续表

工作领域	工作任务	职业技能要求
4. 宠物的美容	4.1 宠物美容保定	4.1.1 能掌握宠物心理、行为知识及基本保定知识。 4.1.2 能掌握宠物驯导、牵犬的方法和原理。 4.1.3 能认识和使用常用保定工具，熟练掌握常用保定方法。 4.1.4 能科学的驾驭与控制宠物
	4.2 设备和技术工具使用	4.2.1 能掌握常用的仪器设备工作原理，并能识别宠物护理与美容的设备。 4.2.2 能熟练操作美容桌 / 支架 / 吊杆 / 吊绳。 4.2.3 能认识了解宠物护理美容的修剪工具，包括直剪、弯剪、电剪（充电式）、针梳、排梳等。 4.2.4 能正确操作刀片，并规范放置，熟知使用风险。 4.2.5 能熟知传统剪刀种类、真空剪的知识，并熟练使用剪刀技术，能掌握正确的修剪姿势。 4.2.6 能用针梳梳理被毛，梳理完成后，能再用排梳使全身顺毛，被毛没有毛结，并使梳理前后称重无差异
	4.3 宠物清洁美容	4.3.1 能掌握不同品种的宠物洗澡步骤的理论知识。 4.3.2 能掌握宠物耳部、眼部、面部、脚底、趾甲、毛发的清洁美容的理论知识。 4.3.3 能选择正确的梳刷工具，能正确掌握梳毛、拉毛和包毛操作技术的理论知识
	4.4 宠物造型修剪	4.4.1 能掌握初级比赛或考核的犬种美容标准，并能认识宠物犬的萌宠装和专业装造型。 4.4.2 能掌握贵宾犬拉姆装、泰迪创意造型和快速美容的修剪技术。 4.4.3 能掌握赛前对假模特犬的留毛长度要求，进行初步的修剪，各部分留毛长度能达到：身体外廓≥ 6 cm；两腿内侧可剪出≤ 0.5 cm 空隙；额段分开，脸部和 V 领需要剃掉的部分留毛≥ 3 cm；下腹线留≥ 3 cm。 4.4.4 能把握初级宠物美容造型及各部位的美容线条要求，能掌握正确的运剪、剪毛及美容中的观察方式，能用大小电剪对宠物头部、颈部、前躯和后躯做造型修剪。 4.4.5 能在规定时间内按要求完成犬只美容，最终完成效果，能使宠物线条符合品种标准，左右对称，整体和谐平衡。 4.4.6 假犬要安装好眼睛、鼻子和尾巴
	4.5 宠物特殊美容	能了解特殊美容情况——矫正美容
5. 培训与管理	5.1 管理	5.1.1 能了解宠物店经营方式与管理模式的基本要素，掌握必要的店铺经营技巧。 5.1.2 能了解宠物工作基本流程，熟知宠物的寄养、领养、保健、芳疗、鲜食、交配、殡葬等各项业务

宠物护理与美容职业技能等级要求（中级）见表 4。

表 4　宠物护理与美容职业技能等级要求（中级）

工作领域	工作任务	职业技能要求
1. 制定宠物美容方案	1.1 评估宠物	1.1.1 能根据所掌握的宠物健康标准，判断宠物的健康状况。 1.1.2 能对宠物制定针对性的、使宠物融入社会的美容方案
	1.2 制定方案	1.2.1 能根据市场信息向客户提出有效建设，并结合客户的意见修改调整美容方案。 1.2.2 能制定宠物个体美容方案
2. 宠物识别与饲养	2.1 宠物品种与标准	2.1.1 能掌握主要宠物的鉴别方法及等级标准。 2.1.2 能正确掌握对所经营的主要宠物的品种、品质、等级的知识
	2.2 宠物生理	2.2.1 能深入了解宠物解剖、生理、病理、药理等知识。 2.2.2 能熟知宠物的健康标准，根据宠物毛色、精神判定宠物健康状况
	2.3 宠物饲养与繁殖	2.3.1 能正确选择宠物饲料及保健品。 2.3.2 能根据宠物个体状况进行营养需求和饲料配制。 2.3.3 能掌握国内外犬只的血统认证标准
3. 宠物的护理	3.1 宠物护理基础	3.1.1 能了解宠物的基础生命特征检测的理论知识。 3.1.2 能了解动物水合状态检测的理论知识。 3.1.3 能了解各形态药物投喂的理论知识
	3.2 宠物临床护理基础	3.2.1 能了解皮下、肌肉、静脉注射技术的理论知识。 3.2.2 能了解外伤处理原则及小外伤处理的理论知识。 3.2.3 能了解术前术后护理的基础知识
	3.3 宠物临床影像学基础	3.3.1 能了解门诊检测影像学的基础知识。 3.3.2 能了解显微镜使用的基础知识
	3.4 宠物的特殊护理基础	3.4.1 能了解妊娠犬的基础护理知识。 3.4.2 能了解幼犬的基础护理知识。 3.4.3 能了解老年犬的基础护理知识
4. 宠物的美容	4.1 宠物美容保定	4.1.1 能熟练掌握各种宠物保定方法并顺利完成。 4.1.2 能与犬、猫进行良好的交流，在修剪及造型过程中能安全自如掌控宠物
	4.2 技术工具使用	4.2.1 能会使用 11 种以上宠物美容工具。 4.2.2 能掌握部分赛级造型工具的使用。 4.2.3 能熟练掌握长毛犬、短毛犬的工具区分使用及护毛的基本技术
	4.3 宠物清洁美容	4.3.1 能正确操作宠物耳部、眼部、面部、脚底、趾甲、毛发的清洁护理。 4.3.2 能清洁宠物肛门与腹部区域、毛发洗护，使毛发干燥，能进行外形塑造。 4.3.3 能选择正确的梳刷工具，能正确掌握梳毛、拉毛和包毛的操作技术

续表

工作领域	工作任务	职业技能要求
4. 宠物的美容	4.4 宠物造型修剪	4.4.1 能掌握中级比赛或考核的犬种美容标准，并能认识宠物犬的赛级装造型。 4.4.2 能掌握宠物萌宠装（真犬）或宠物专业拉姆装及比熊装（假犬）的修剪技术。 4.4.3 能准确掌握参赛模特犬的资格与条件，模特犬赛前留毛长度及细节要求。 4.4.4 能熟练运用各种工具，依据各犬种的专业造型装要求，对各种造型宠物的头部、颈部、前躯、后躯等部位进行熟练修剪。 4.4.5 能在宠物造型修剪中，结合对犬种标准的理解和运用，设计不同造型，做到对宠物美容的取长补短。 4.4.6 能按要求在规定时间内完成宠物装造型，能使宠物修剪后整体造型平整度、比例，及综合平衡概念、创意度符合专业装型要求
	4.5 宠物特殊美容	能给常见长毛犬全身包毛
5. 培训与管理	5.1 指导教学	能跟踪指导宠物护理与美容职业技能初级人员的训练工作
	5.2 经营管理	能知晓宠物店经营管理模式，掌握基础经营技能
	5.3 市场信息	5.3.1 能了解国家对宠物的最新政策及有关规定，能了解国外宠物行业的发展。 5.3.2 能通过采集宠物市场信息，对所在地区进行分析

宠物护理与美容职业技能等级要求（高级）见表 5。

表 5　宠物护理与美容职业技能等级要求（高级）

工作领域	工作任务	职业技能要求
1. 制定宠物美容方案	1.1 评估宠物	1.1.1 能正确评估参赛犬只的身体结构、毛发特点和健康状况。 1.1.2 能够从犬只静态、动态及运动并通过触摸了解犬只的优缺点，并能作基本描述
	1.2 确定方案	1.2.1 能向客户普及正确的宠物美容知识。 1.2.2 能根据市场供需，与客户达成一致意见确定美容方案
2. 宠物识别与饲养	2.1 犬种品种 与标准	2.1.1 能掌握国内、国际市场纯种犬的鉴别方法。 2.1.2 能掌握各种赛犬的评判标准
	2.2 宠物生理	能在比赛时对宠物进行急救处理
	2.3 宠物饲养与繁殖	2.3.1 能根据赛前宠物需要制定特殊喂养计划。 2.3.2 能对不同犬种进行血统认证及品种鉴定。 2.3.3 能深入了解宠物遗传学、繁殖学、营养学、教育学等知识
3. 宠物的护理	3.1 宠物护理基础	3.1.1 能了解宠物的基础生命特征检测的理论知识。 3.1.2 能了解动物水合状态检测的理论知识。 3.1.3 能了解各形态药物投喂的理论知识

续表

工作领域	工作任务	职业技能要求
3. 宠物的护理	3.2 宠物临床护理基础	3.2.1 能了解皮下、肌肉、静脉注射技术的理论知识。 3.2.2 能了解外伤处理原则及小外伤处理的理论知识。 3.2.3 能了解术前术后护理的基础知识
	3.3 宠物的临床护理技能	3.3.1 能观察和记录住院宠物的基本生理参数，建立患病犬、猫的病历档案。 3.3.2 能掌握皮下、肌肉、静脉注射技术。 3.3.3 能掌握小外伤处理的基本技术
	3.4 宠物临床影像学基础	3.4.1 能了解门诊检测影像学的基础知识。 3.4.2 能了解显微镜使用的基础知识
	3.5 宠物的特殊护理基础	3.5.1 能了解妊娠犬的基础护理知识。 3.5.2 能了解幼犬的基础护理知识。 3.5.3 能了解老年犬的基础护理知识
	3.6 宠物的特殊护理技能	能根据患病宠物的病况科学制定饮食及运动方案
4. 宠物的美容	4.1 宠物美容保定	4.1.1 能在比赛时提高宠物的依赖性和稳定性。 4.1.2 能够顺利地与陌生犬只交流，并使其配合完成美容操作
	4.2 技术工具使用	4.2.1 能掌握所有宠物美容工具的使用及养护方法。 4.2.2 能熟练运用各种宠物美容工具独立完成对所有宠物犬的美容
	4.3 宠物清洁美容	4.3.1 能掌握宠物水疗、芳疗、穴道按摩的技术和方法。 4.3.2 能对赛级犬只进行系统专业的美容护理。 4.3.3 能操作所有品种的犬只、猫的清洁美容，能手动拔毛、拉毛、捆扎及做收尾工作
	4.4 宠物造型修剪	4.4.1 能掌握高级比赛或考核的犬种美容标准。 能通晓流行犬种的赛级装造型并掌握赛级修剪技术。 4.4.2 能准确掌握模特犬赛前留毛要求。 4.4.3 能在修剪过程中通过对犬种标准的理解，认识所修剪犬只的优缺点，对宠物美容的各项技法做到扬长避短。 4.4.4 能在规定时间内，按照要求完成宠物赛级造型，能使宠物修剪后整体造型极富创意度且完全符合赛级要求
	4.5 宠物特殊美容	能掌握简单的宠物服饰裁剪与制作
5. 培训与管理	5.1 指导教学	5.1.1 能具体指导护理与美容职业技能初、中级人员的日常训练，纠正不规范的训练方法。 5.1.2 能系统的传授宠物护理与美容知识，具有编写教案能力
	5.2 经营管理	5.2.1 能对宠物店的营销企划有深刻理解和实施能力。 5.2.2 能稳定维系一批客户
	5.3 市场信息	5.3.1 能在广泛采集信息的基础上，对所宠物的供求信息情况做出分析判断。 5.3.2 能把握宠物产业的趋势与发展，对宠物的上下游产业链作市场预测

参考文献

[1] 王艳立，马明筠．宠物美容与护理［M］．3 版．北京：化学工业出版社，2020.

[2] 名将宠美教育科技（北京）有限公司．宠物护理与美容（初、中级）［M］．北京：中国农业出版社，2020.

[3]［英］艾莉森·戴维斯．宠物心理指导手册［M］．林埴，译．北京：科学普及出版社，2022.

[4] 邢玉娟，杨开红，李梅清．宠物疾病诊疗技术［M］．2 版．北京：中国农业大学出版社，2022.

[5] 陈艳新，李志伟．宠物美容与护理［M］．北京：中国农业大学出版社，2019.